མངའ་རིས་ས་ཁུལ་གྱི་ནམ་གཤིས་གནས་ཚུལ་དང་
གནོད་འཚེ་ཞིབ་འཇུག་རགས་བསྡུས།

阿里地区气候概况及灾害研究

主　编：白　　珍

副主编：贡觉加布　旦 木 真　丹增罗布

白玛卓嘎　次旺扎西

气象出版社
China Meteorological Press

内 容 简 介

本书主要利用西藏阿里地区三个人工气象观测站 1973—2020 年气象资料，系统分析和描述了阿里地区、噶尔县、改则县、普兰县以及其他四个县自然地理环境、站点概况、基本气候状况、气候变化特征和灾害性天气防御措施等内容。本书可对阿里地区噶尔县、改则县、普兰县和其他四县经济可持续发展、生态系统保护和修复等提供科学依据与技术支撑，也可对阿里地区气候和青藏高原气候的分析有非常重要的参考价值，对于青藏高原生态环境保护及可持续发展，具有重要意义。

图书在版编目（CIP）数据

阿里地区气候概况及灾害研究 / 白珍主编. -- 北京: 气象出版社, 2023.12

ISBN 978-7-5029-8150-1

Ⅰ. ①阿… Ⅱ. ①白… Ⅲ. ①气象灾害－研究－阿里地区 Ⅳ. ①P429

中国国家版本馆CIP数据核字(2023)第254291号

阿里地区气候概况及灾害研究

ALI DIQU QIHOU GAIKUANG JI ZAIHAI YANJIU

出版发行：气象出版社

地　　址：北京市海淀区中关村南大街 46 号　　**邮　　编**：100081

电　　话：010-68407112（总编室）　010-68408042（发行部）

网　　址：http://www.qxcbs.com　　E-mail：qxcbs@cma.gov.cn

责任编辑：蔺学东　　**终　　审**：张　斌

责任校对：张硕杰　　**责任技编**：赵相宁

封面设计：楠竹文化

印　　刷：北京建宏印刷有限公司

开　　本：787 mm × 1092 mm　1/16　　**印　　张**：6.25

字　　数：105 千字

版　　次：2023 年 12 月第 1 版　　**印　　次**：2023 年 12 月第 1 次印刷

定　　价：60.00 元

《阿里地区气候概况及灾害研究》编委会

数据资料说明

本书所用数据来源西藏阿里地区气象信息服务系统CIMISS（观测数据）、西藏气象业务一体化平台和县级综合观测业务集成平台，由于数据量较大，数据分析上难免有错误，敬请读者给予指正。

狮泉河气象站是国家基准气候站，狮泉河国家基准气候站于1961年1月1日建站（军队管理），原名为西藏噶尔县气象服务站，后经过多次更名，现为西藏阿里地区气象局。原址在噶尔县昆沙区。狮泉河站海拔4278 m，观测任务包括综合气候观测、陆面生态、GPS高空全自动气象探空站（该项目建成后取消原有的小球测风）、土壤墒情观测、闪电定位等。

狮泉河国家基准气候站

普兰县气象站是国家基准气候站，于1972年由新疆维吾尔自治区气象局建设。1972年建站至1973年12月由普兰县武装部管理领导，1973年1月1日正式命名为普兰县气象站，位于普兰县城外。1974年1月1日改为地方和上级业务部门双重领导，1981年1月移交西藏自治区气象局管理。1996年

10月3日改名普兰县气象局。观测站开始观测日期为1972年6月1日；于1990年1月1日迁站1次，由县城原址搬迁到普兰县城郊。2014年完成县级综合改革，下设综合管理科、防灾减灾科、气象台。

普兰国家基准气候站

改则县气象站是国家基准气候站，于1972年4月建站，由新疆维吾尔自治区气象局和县人武部双重领导，由新疆维吾尔自治区气象局管理，命名为改则县气象站，位于改则县县城东郊鲁仁中路。1981年1月划归西藏自治区气象局管理，1996年更名为改则县气象局，2008年8月1日，更名为改则县国家基准气候站。观测开始时间为1972年9月1日，2014年完成县级综合改革，下设综合管理科、防灾减灾科、气象台。

改则国家基准气候站

目　录

第1章 自然环境及气候概况

1.1 阿里地区概况

阿里地区位于中国西南边陲、西藏自治区西部、青藏高原北部（羌塘高原），北接新疆维吾尔自治区和田地区、巴音郭楞蒙古自治州，东临那曲市、东南依日喀则市，西南和西部与尼泊尔、印度、克什米尔为界；总面积33.717万km^2。截至2022年10月，阿里地区辖7个县，地区行政公署驻噶尔县狮泉河镇。截至2022年末，阿里地区常住人口12.3万人，居住着藏、汉、蒙、回、维等34个民族。

阿里地区是西藏自治区面向南亚开放的桥头堡、国家安全屏障西部战略要地、中国矿产资源储备基地、中国西部重要的交通物流枢纽和高原特色牧业生产基地，也是冈底斯国际旅游合作区、生态安全屏障的核心区域。阿里地区平均海拔4500 m，有“千山之宗，万水之源”之称，喜马拉雅山、冈底斯山、喀喇昆仑山、昆仑山平行排列。

1.1.1 自然环境

（1）地形地貌

阿里地区地壳演变经历了基底形成、古特提斯边缘海的发展、特提斯洋形成发展与消亡、内陆碰撞造山、陆壳改造—高原隆升 5 个发展演化阶段，由北向南划分出 6 个亚一级构造单元和 6 个次一级构造单元。主要断裂带由北向南有大秀丽水柏枝滩—黑石北湖深断裂带、阿克萨依—郭扎错深断裂带、龙木错—拜惹布错深断裂带、班公湖—纳屋错深断裂带、森格藏布—古昌深断裂带等。

地貌有高山、沟谷、土林、冰蚀、冲洪积、冰碛和火山等类型。南部和西南部为深切的沟谷及零星的冲积扇地带；东部及西北部地势相对平缓，形成宽谷和一望无际的草原戈壁。总的地貌特征是从南到北高原面次第抬升，而各大山脉主脊线逐渐降低，最高点为普兰县境内的纳木那尼峰，海拔高程 7694 m，最低点为札达县什布奇附近的朗钦藏布河谷，海拔高程 2800 m，最大相对高差 4894 m。境内高山耸峙，雪峰林立，山系总的走向为自西向东、北西—南东向逐渐过渡为向东。主要山脉有喜马拉雅山脉、冈底斯山脉、喀喇昆仑山脉和昆仑山脉，同时派生出众多次一级山脉，首尾相接，连绵起伏。著名山峰有纳木那尼峰、冈仁波齐峰（神山）等。有纳木那尼、冈仁波齐、岗蕃鲁（昆仑冰川）等 5 个冰川分布区。

（2）河流湖泊

阿里有“万水之源”之称，是雅鲁藏布江等国内大江、大河及印度河等国际性河流的发源地，有较大河流 20 余条。主要河流有森格藏布（狮泉河）、朗钦藏布（象泉河）、马甲藏布（孔雀河）等外流水系和措勤藏布等内流河。其中，森格藏布是印度河的源头，朗钦藏布是印度河最大支流萨特累季河的上游，马甲藏布是恒河的主要支流。西部外流水系发育区附近有淡水湖，其余地区内陆湖泊均为盐湖（咸水湖），较大的湖泊有扎日南木错、班公湖、玛旁雍错（圣湖）、拉昂错等，其中扎日南木错为西藏第三大湖泊，班公湖为青藏高原唯一国际湖泊。

1.1.2　气象站点概况

阿里地区现有普兰县气象局、改则县气象局和狮泉河观测基地 3 个国家基准气候站，2 个全自动探空站分布在阿里地区狮泉河站和改则县气象局，此外还有 29 个国家无人自动站，6 个专业站（交通站 2 个、旅游站 2 个、源头站 2 个），11 个区域站，3 个无人基准气候站。其中，有人站观测要素有温度、气压、湿度、风向、风速、云、地温（0～160 cm）、冻土（0～320 cm）、辐射、蒸发、降水、能见度、天气现象、雪深、日照、紫外线、闪电定位；无人站观测要素有温度、气压、湿度、风向、风速、翻斗降水量 6 要素。

2020 年 4 月 1 日三个基准站有全人工观测改革为半自动观测，目前已全面实现全自动化观测。人工观测项目土壤水分有 8 个站，分别设在擦咔站、措勤站、洞措站、革吉站、门士站、日土站、札达站、狮泉河站。闪电定位仪分别设在狮泉河国家基准气候站、改则县气象局、普兰县气象局和日土县气象局。

1.1.3　气候概述

气候（climate）一词源自希腊语的 klima，意思是倾斜，指的是地平线上太阳光线倾斜的角度。古希腊人已经知道，如果太阳入射倾角较小，则气候较冷，因此接近赤道的地方较热，而高纬度较冷。一般认为，某一地方气候的形成是与太阳辐射、地球轨道参数、地表性质、大气本身的物理化学性质等因子密切相关的。

气候变化是指气候平均状态和离差（距平）两者中的一个或者两者一起出现了统计意义上的显著的变化。近年来，随着全球气候的逐渐变暖，极端天气气候事件出现的频率与强度增加，该问题越来越受到人们的关注。研究表明：过去几十年北半球大部分地方显著增温主要发生在夜间，即最低气温上升幅度明显大于最高气温。

阿里地区位于喜马拉雅山脉、冈底斯山脉和喀喇昆仑山脉之间，地形地貌复杂、海拔差异明显，分为高原温带季风干旱气候区、高原寒带季风半干旱气候区和高原寒带季风干旱气候区。季节变化不明显，仅有冬、夏两季之分，冬长夏短。日照充足，年降水量很小。多大风天气，尤以东部改则、措勤为最。主要自然灾害有雪灾、雹灾、风灾、旱灾等。气温年较差较小，气温日较差较大，日照充足。

阿里地区年平均气温 1.7 ℃，最低气温 −44.6 ℃（改则站），最高气温 30.8 ℃（札达县）。年平均降水量 138.4 mm，日最大降水量 97.1 mm（普兰站）。年平均蒸发量 2151.1 mm，日最大蒸发量 44 mm（改则站）。年日照时数 3275.2 h，日最长日照时数 14.1 h（噶尔县）。年平均风速为 4.0 m/s，日极大风速 29.7 m/s（改则站）。年平均无霜期 138 d。日最大积雪深度 61.0 cm（普兰站）；日最大冻土深度 191 cm（改则站）。日平均相对含氧量 60.6%。

1.2 阿里地区各县概况

1.2.1 噶尔县

（1）自然环境

噶尔县位于西藏最西部，沿森格藏布和噶尔藏布流域，是西藏 18 个边境县之一，面积 1.808 万 km^2。耕地面积仅 0.89 万亩[①]。截至 2020 年 11 月，噶尔

① 1 亩≈666.7 m^2。

县常住人口为 31052 人。噶尔县四周环山，中部低平，平均海拔 4350 m 左右，最高海拔为 6554 m。境内共有大小湖泊 12 个，其中较大的有朗久湖、心噶湖。

噶尔县境内山系走向为自北西—南东逐渐转为东向，即为自西而东。较大的山系有阿依拉山系和冈底斯山系，海拔在 6000 m 以上的山峰有 23 座。最高点为昆萨乡索麦村境内的奇吾拉峰，海拔为 6493 m，最低点为扎西岗乡典角村境内的森格藏布出境处。最大相对高差超达 2243 m。构造作用对地貌控制明显，地貌延伸方向与区域构造线一致。地貌成因复杂，形态多样，新老地貌共存。其形成受原岩类型、固结程度控制，又受到水流、风化等作用的影响。庞然高大的山系间，有由构造断陷作用形成的面积巨大的高原湖盆地区。山地、谷地、山间洼地以及湖泊为受水中心的外流水系，构成了噶尔县独特的地貌景观。地貌类型有高山地貌、河谷地貌、冰碛地貌、冲洪积地貌。

高山地貌主要分布于冈底斯山剥蚀地貌区，今噶尔县左左乡上左左村、门士乡索堆村一带，海拔高度在 5000～6000 m，山峰林立，坡度较陡，沟谷近垂直于山体走向分布，切割较深，最深达 400 m 以上，两岸多形成陡壁。其形成主要是地壳快速抬升、河流下切作用的结果。

河谷地貌主要分布在森格藏布流域、噶尔藏布流域，主要包括昆萨乡的索麦和那木如、扎西岗乡的扎西岗村、狮泉河镇一带。河源地带以窄谷为主，河床纵深比降大，阶地洪冲积扇分异不明显：河谷中下游以宽谷为主，河流切割较浅，纵向比降小，河谷两岸地势平坦。河谷地貌土地适应力强，适合于农牧业生产。

冰川冰缘地貌主要分布在噶尔县左左乡、昆萨乡、门士乡境内的阿伊拉山脉和冈底斯山脉，海拔均在 5500～6000 m，发育规模较小的冰川。在其现代冰川的外围分布着不同时期的冰川沉积物，保存着“U”形古冰川沉积及古冰碛平台、冰碛阶地，以及终冰碛垄和冰碛残山等。冰缘地貌较发育，主要有以寒冬风化作用为主形成的石柱、土柱、岩屑锥、岩屑裙、岩屑坡、石海、石河、平底谷等；以融冻作用为主形成的舌状泥流、鳞片状草皮坡坎、泥流扇、冰川式泥流、泥流阶地等；以冻胀分选作用为主形成的石多边形、斑状土、石堤、石带；以冻胀作用为主形成的冻胀石笋、冻胀丘、冰锥等。

冲洪积地貌主要分布于朗钦藏布、森格藏布水系及内流水系区域，多形成洪冲积扇、阶地及河漫滩等，主要形成于新生界晚更新世—全新世。

（2）气候概述

噶尔县海拔较高，空气稀薄，大气明洁度大，日照时间长，太阳总辐射强。地形和海拔高度对气温的影响大于纬度对温度的作用，境内各地区的气温分布差异不大，但垂直变化较明显。春季升温迟缓，夏季短促，秋季降温快，冬季漫长，形成寒冷期长，温凉期短，没有明显的四季之分。气温日较差较大，降水多集中在6—9月，且多雷暴、冰雹、大风。

狮泉河站1961—2018年年平均气温0.9℃；最冷月平均气温-22.8℃（12月）；最热月平均气温16.8℃（8月）；年极端日最高气温32.1℃（2010年7月25日），年极端日最低气温-36.7℃（2013年2月9日）。年平均降水量70.3 mm，日最大降水量34.6 mm（1985年7月26日），年最大降水量出现在2015年，为138.2 mm；年最小降水量为1982年，为21.2 mm；降水分布呈双峰型，8月为第一个高峰期，3月为次高峰期。雨季平均开始在7月，年平均蒸发量2495.6 mm，蒸发量最大值出现在1996年，其值为2880.3 mm；最小蒸发量出现在1966年，其值为2082.1 mm。年平均日照时数3441.1 h，最大日照时数出现在1987年，其值为3740.1 h；最小日照时数出现在1961年，其值为3121.7 h。年平均相对湿度32.5%。年平均风速2.86 m/s，最多风向为西南偏南。年平均暴雪日数为2.08 d；年平均大风日数为74.3 d；年平均无霜日数144 d；年雷暴日数为（1973—2014年）16.2 d。噶尔县主要气象灾害有暴雪、暴雨、冰雹、大风、雷电、泥石流等。

（3）气象站点概况

狮泉河气象站是国家基准气候站（图1-1），于1961年1月1日建站（军

图 1-1　狮泉河国家基准气候站

队管理)，原址在噶尔县昆沙区，原名为西藏噶尔县气象服务站，后经过多次更名，现为西藏阿里地区气象局。狮泉河站海拔 4278 m，观测任务包括综合气候观测、陆面生态、GPS 高空全自动气象探空站（该项目建成后取消原有的小球测风）、土壤墒情观测、闪电定位等。

1.2.2　普兰县

(1) 自然环境

普兰县位于阿里地区南部、喜马拉雅山南侧的峡谷地带，处于中国、印度、尼泊尔三国交界处，是西藏自治区边境县之一。地理坐标为东经 80°27′—82°30′，北纬 30°00′—31°13′。北部与革吉、札达县毗邻，东部与改则、措勤县接壤，南部与尼泊尔相连，西部与印度交界。

普兰县境内各乡均有公路相通，新藏公路在其境内里程达 206 km；区道 1 条，里程 110 km；乡道 7 条，共 530 km。县政府驻地普兰镇南距中尼边境约 10 km，北距狮泉河镇 398 km，距拉萨 1370 km，是全县政治、经济、文化、教育、医疗卫生的中心。

普兰县土壤以高山草甸土、山地草甸土、黑钙土等为主，有机质、氮、钾含量高。农田、草场广阔，县境内天然草场的分布与地貌、气候等环境紧密相关。普兰县矿藏资源较丰富，分布较广，品位较高。已探明的煤炭、铜、稀有金属矿储量大，开发远景广阔。其境内的石灰岩、硅岩、铅、锌、锰亦有开发价值。其境内的天然矿泉水流量大、品质优，为国内少有的优质水源。其境内的热水矿泉、温泉流量大，具有开发价值，对治疗皮肤病等具有特殊疗效。

普兰县地处喜马拉雅山南侧的峡谷地带，纵观全县地形，以高原山地为主，中部较高。境内山高谷深，山峦起伏，形成千姿百态、雄伟壮观、秀丽多姿的高原地貌。境内北部有冈仁波齐峰，海拔 6656 m；西南部有那木钉山，海拔 5312 m；中南部有纳木那尼山，海拔 7694 m；西部有穷午日章山；东部有马攸木拉山。其中，纳木那尼峰是喜马拉雅山脉的主要高峰之一，冈仁波齐峰（神山）是冈底斯山脉的主要山峰，这两大山脉构成普兰的地貌骨架。

普兰县城位于纳木阿比峰和纳木那尼雪峰之间的孔雀河（马甲藏布）谷地，地形狭窄，来自孟加拉的湿润空气，在这里形成宜人的高原小气候。气候温和，降水颇丰，是阿里地区雪山环绕的地方。

近年来，普兰县兴建了一批标准高、效益好的节水灌溉工程，有力改善了当地农牧业灌溉条件，发展不同形式的节水灌溉技术模式，有效灌溉面积逐年提升。胜利水渠是普兰灌区的主干渠，取水源头为马甲藏布干流，主干渠长 19 km，设计流量 1.20 m^3/s，灌溉良田 2000 亩和部分林地，开发部分无水草原，并解决县城机关单位、学校、边防连和县城周边群众的人畜饮水困难；岗芝沟水渠，位于普兰县科加村岗芝组，其水源为马甲藏布河。1996 年改建后渠长 4 km，渠道设计流量 4 m^3/s；科加水渠位于普兰县科加村，取水水源为科加河，水渠长 4 km，引水流量为 2 m^3/s，灌溉农田 1248 亩，新增农田灌溉面积 500 亩，人工草地面积 400 亩，天然草地面积 100 亩；多油水渠位于普兰县多油村，引水水源为仁贡沟，仁贡沟为马甲藏布的一个支流，发源于纳木那尼峰，为常年性河流。水渠长 10.4 km，引水流量为 2 m^3/s，灌溉农田 1000 亩、改造中低产田 1560 亩、增加草场灌溉面积 1000 亩、恢复弃耕地 2000 亩。

境内最长河流为孔雀河，出境后经尼泊尔流入印度，为恒河的主要支流。西南至西北是东南流向的马甲藏布河；东南部有东西流向的扎钦曲河。中部有西藏圣湖玛旁雍错湖和拉昂错湖。东部有公珠错湖。楚古寺周围被尊为圣洁的浴场。圣湖四面还有四水之源：东面是马泉河，北面是狮泉河，西面是象泉河，南面是孔雀河。以天国中的马、狮、象、孔雀四种神物命名的这四条河，分别又是南亚著名的恒河、印度河、萨特累季河和雅鲁藏布江的源头。圣湖玛旁雍错佛教经典称其为“世界江河之母”。

（2）气象站点概况

普兰气象站是国家基准气候站（图 1-2），于 1972 年由新疆维吾尔自治区气象局建设。1972 年建站至 1973 年 12 月由普兰县武装部管理领导，1973 年 1 月 1 日正式命名为普兰县气象站，位于普兰县城外。1974 年 1 月 1 日改为地方与上级业务部门双重领导，1981 年 1 月移交西藏自治区气象局管理。1996 年 10 月 3 日改名普兰县气象局。观测站开始观测日期为 1972 年 6 月 1 日；于 1990 年 1 月 1 日迁站 1 次，由城区原址搬迁到普兰县城郊。2014 年完成县级综合改革，下设综合管理科、防灾减灾科、气象台。

图 1-2　普兰国家基准气候站

（3）气候概述

普兰县县城位于孔雀河谷，喜马拉雅山脉和冈底斯山脉之间，四周雪山环抱，有独特高原山区气候，其中南部属于高原温带季风干旱气候，巴嘎、霍尔乡属于高原寒带季风半干旱气候区。气温年较差较小，气温日较差较大，日照充足。普兰站 1973—2018 年年平均气温 3.65℃；最冷月平均气温 -7.82℃(1 月)；最热月平均气温 14.44℃（7 月）；年极端日最高气温 28.4℃（2006 年 7 月 7 日），年极端日最低气温 -29.4℃（ 1997 年 12 月 19 日）。年平均降水量 156.1 mm，日最大降水量 82.5 mm（2008 年 9 月 20 日），年最大降水量出现在 2013 年，为 294.8 mm；年最小降水量出现在 1989 年，为 83.4 mm；降水分布呈双峰型，8 月为第一个高峰期，3 月为次高峰期。雨季平均开始在 6 月。年平均蒸发量 2225.2 mm，最大蒸发量出现在 2007 年，其值为 2620.4 mm；最小蒸发量出现在 2015 年，其值为 1791.6 mm。年平均日照时数 3191.2 h，最大日照时数出现在 1987 年，其值为 3472.8 h；最小日照时数出现在 2017 年，其值为 2977.8 h。年平均相对湿度 46.3%。年平均风速 3.27 m/s，最多风向为西南偏南。年平均暴雪日数为 2.08 d；年平均大风日数为 16.1 d；年平均无霜日数 144 d；年雷暴日数为（1973—2014 年）9.29 d。普兰县主要气象灾害有暴雪、暴雨、冰雹、大风、雷电、泥石流等。

1.2.3　改则县

（1）自然环境

改则县位于西藏西北部、阿里地区东部、藏北高原腹地，平均海拔 4800 m。东与那曲地区的双湖、尼玛县相接，东南与措勤县相连，南与日喀则地区的仲巴县相邻，西与革吉县、日土县接壤，北以昆仑山为界与新疆维吾尔自治区交界。东西长 450 km，南北宽 670 km，总面积 13.5616 万 km^2，约占阿里地区总面积的 2/5。

改则县整体属高原亚热带干旱季风型气候。气候寒冷，干燥多大风，昼夜温差大，气温年较差和日较差均大。冬季长，无明显夏季，日照充足，太阳辐射强。

（2）气象站点概况

改则气象站是国家基准气候站（图 1-3），于 1972 年 4 月建站，由新疆维吾尔自治区气象局和改则县人武部双重领导，由新疆维吾尔自治区气象局管理，命名为改则县气象站，位于改则县县城东郊鲁仁中路，1981 年 1 月归西藏自治区气象局管理，1996 年更名为改则县气象局，2008 年 8 月 1 日，更名为改则县国家基准气候站。观测开始时间为 1972 年 9 月 1 日，2014 年完成县级综合改革，下设综合管理科、防灾减灾科、气象台。

图 1-3　改则国家基准气候站

（3）气候概况

改则县位于喀喇昆仑山脉和冈底斯山脉之间，四周雪山环抱，有独特高原山区气候，其中南部属于高原温带季风干旱气候，门士乡属于高原寒带季风半干旱气候区。气温年较差较小，气温日较差较大，日照充足。改则站1973—2015年年平均气温0.4℃；最冷月平均气温-22.3℃（12月）；最热月平均气温13.2℃（8月）；年极端日最高气温27.6℃（2002年7月11日），年极端日最低气温-44.6℃（1987年12月25日）。年平均降水量174.4 mm，日最大降水量36.9 mm（2010年7月17日），年最大降水量出现在2012年，为295.8 mm；年最小降水量出现在1973年，为73.8 mm；降水分布呈双峰型。

1.2.4 日土县

（1）自然环境

日土县地处西藏西北部、阿里地区西北部，是西藏自治区边境县之一。地处东经78°7′—82°4′，北纬32°7′—35°4′，东距拉萨1800 km，南距狮泉河120 km，北靠新疆和田地区，西与印控克什米尔地区接壤，是新疆进入西藏的北大门，总面积75400 km^2。日土县地貌类型属高原湖盆区，喀喇昆仑崇山峻岭和岗底斯山支脉横穿全境，平均海拔4300 m，高寒缺氧。由于气候干旱，流水作用弱，高原面保存完整，总的地势是南北高、中间低，沿班公错—怒江断裂带形成高原地势最低的巨大集水洼地，在四周山脉之间沿断裂带则为宽谷或串珠状湖盆洼地。

（2）气象站点概况

日土气象站是国家一般无人气象站（图1-4），于2007年由阿里地区气象局建设。2007—2015年由阿里地区气象局管理领导，2016年由西藏阿里地区日土县气象局管理。日土县气象站2007—2016年位于县城附近草场上（玛嘎草场），2017年迁址到日土县气象局院内，并增加了气象观测要素，现观测要素有气温、气压、湿度、风向、风速、降水量、天气现象、雪深、辐射、闪电。

图 1-4　日土国家气象观测站

(3) 气候概述

日土县属于高原亚寒带季风半干旱气候区，总体气候特征为：空气稀薄，含氧量低；日照时间长，太阳辐射强；早晚温差较大；干季与雨季分明，每年 10 月至次年 5 月为干季，降水量少，大风天数多；6 月至 9 月为雨季，降水量约占全年的 90% 以上。日土站 2010—2020 年年平均气温 1.8℃；最冷月平均气温 -15.2℃（1 月）；最热月平均气温 16.4℃（7 月）；月极端最高气温 27.9℃；月极端最低气温 -35.4℃。年平均降水量 7.6 mm；年最大降水量出现在 2019 年，为 231.2 mm；年最小降水量出现在 2011 年，为 3.6 mm（2010—2016 年因该站点无称重降水仪，不包含冬季降水量）；月最大降水量出现在 8 月。年平均风速 3.7 m/s，年最大风速 31 m/s，最多风向为西南偏南。年平均相对湿度 29.2%。年平均气压为 605 hPa。日土县主要气象灾害有雪灾、雨灾、干旱、冰雹、雷灾、大风、泥石流等。

1.2.5　札达县

(1) 自然环境

札达县位于西藏自治区西部，阿里地区西南部。东南与普兰县为邻，东北与噶尔县相连，北部、西部、南部与印度为界，是阿里地区边境县之一。札达县面积 2.46 万 km^2，地势南低北高，高差 1500 m。阿伊拉日居山亦称“阿依拉山”，在阿里札达县境内，位于县驻地东部，为札达县与噶尔县的界山。西接拉达克山，主峰海拔 6495 m。终年积雪，有冰川。山麓为天然牧场，牧有牦牛及藏绵羊。根据第七次人口普查数据，截至 2020 年 11 月 1 日零时，札达县常住人口 8454 人，是全国人口最少的县。

札达县属于高原温带季风干旱气候区，受西风环流和西南季风的影响，随着季节的变化，在札达县盆地上空交互进退，发生着有规律的同期性交替。冬季，受西风环流控制，札达县气候干燥少雨，温差剧烈，大陆性气候特征明显。夏季，受 6 月初至 9 月中旬西南季风影响，札达县气候温暖，雨量集中。其总的气候特点是：太阳辐射强、日照时间长、干燥多风、降水少、年气温差较大、冬季寒冷、夏季炎热，辖区内旱、霜、雪等自然灾害频繁。

（2）气象站点概况

札达气象站是一般无人自动气象站（图 1-5），于 2007 年 7 月 15 日建站并投入使用。有风向、风速、温度、湿度、雨量、气压六种观测要素。为了能够建立更多气象观测要素及能够提供更精确预报服务产品，在 2017 年 9 月 27 日，从原站点搬迁至札达县城往东 2 km 处，现观测要素有温度、气压、湿度、风向、风速、降水量、地表温度、草温、总辐射、雪深、土壤水分。

图 1-5　札达国家气象观测站

（3）气候概况

札达县县城年平均气温在 4.5℃（2015 年）～12.9℃（2016 年），最热月 7 月平均气温为 17.3℃（2015 年）～20.1℃（2018 年），最冷月 1 月平均气温为 -12.9℃（2013 年）～-5.2℃（2009 年），全年降水量不足 200 mm，年最大降水量出现在 2018 年，为 115.7 mm；年最小降水量出现在 2009 年，为 1.2 mm。

1.2.6　革吉县

（1）自然环境

革吉，曾译为革杰、改吉，藏语译为“扬善之地”。革吉县位于阿里地区东部，南与普兰县、仲巴县为邻，西北与日土县相连，东与改则县相连，西与噶尔县相连，全县平均海拔 4700 m 以上。海拔 6000 m 以上的山峰 21 座，其中最高峰无名峰海拔 6434 m。革吉县气候干燥，降水稀少，日照充足，风大风频，昼夜温差大，属亚寒带干旱季风气候区。革吉县降水量年内分布不均匀，主要集中在 5—9 月，雨季开始较晚，6 月底到 7 月初才开始进入雨季，9 月下旬雨季基本结束。革吉县是一个自然灾害多发县，自然灾害主要有旱灾、风灾、雪灾等。

（2）气候站点概况

革吉气象站是一般无人自动气象站（图 1-6），于 2009 年 9 月 1 日建站并投入使用。该站有风向、风速、温度、湿度、降水、气压、土壤水分等共计 7 个气象观测要素。该站位于革吉县城附近，站点海拔高度为 4506.5 m。

图 1-6　革吉国家气象观测站

（3）气候概况

革吉县属高原亚寒带季风干旱气候，日照充足，降水少，气温低，气温年较差大，多大风。年平均气温 0.7℃，年极端最高气温 25.5℃，年平均最低气温 -30.3℃，最热月（7 月）平均气温 12.5℃，最冷月（1 月）平均气温 -12.9℃，气温年较差为 25.4℃；年降水量 94.08 mm；降水高度集中在 5—9 月，为 90.42 mm，约占年降水量的 96.1%；年平均相对湿度 38%；年平均风速 3.8 m/s，年极大风速 32.7 m/s。

1.2.7　措勤县

（1）自然环境

措勤县地处青藏高原中西部、西藏阿里地区东南部，西部接壤改则县，北部与西藏那曲尼玛县相邻，东、南部分别与西藏日喀则昂仁县和仲巴县相接，境域面积约 2.2 万 km^2，总人口 14953 人。“措勤”藏语意为“大湖”，因距县驻地东部十多千米处的扎日南木错大咸水湖而得名，平均海拔 4700 m 以上。

（2）气象站点概况

措勤气象站是一般无人自动气象站（图 1-7），于 2007 年 1 月 1 日建站并投入使用。该站有风向、风速、温度、湿度、降水、气压、土壤水分等共计 7 个气象观测要素。该站位于措勤县城附近，站点海拔高度为 4678.1 m。

图 1-7　措勤国家气象观测站

（3）气候概况

措勤县属高原亚寒带季风干旱气候，日照时间长，降水少，干燥多风，气温低，年较差大。年平均气温 1.1℃，年极端最高气温 24.5℃，年极端最低气温 -30℃，最热月（7 月）平均气温 10.9℃，最冷月（1 月）平均气温 -10.5℃，气温年较差 21.4℃；年降水量 266.4 mm，降水集中在 5—9 月，为 264.8 mm，约占年降水量的 99.1%；年平均相对湿度 34%；年平均风速 5.5 m/s，年极大风速 32.5 m/s。措勤县主要气象灾害有干旱、雪灾、大风等。

第 2 章　气候变化特征

2.1　空间分布特征

2.1.1　气温

由图 2-1 可知，2016—2021 年阿里地区年平均气温在 -0.1 ～ 5.05℃，而整个阿里地区 7 个县气象站的年平均气温是 2.28℃，与整个地区平均值相比，札达、普兰和狮泉河分别偏高 2.78℃、2.2℃和 0.22℃；革吉、措勤、日土和改则比整个地区平均值分别偏低 2.38℃、1.94℃、0.58℃和 0.52℃。整体上从空间分布特征分析来看，呈现西南偏高、东部偏低的态势。

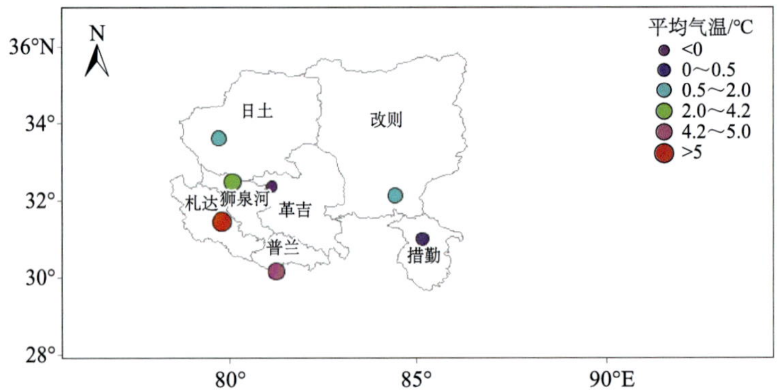

图 2-1　2016—2021 年阿里地区年平均气温空间分布

由图 2-2 可知，2016—2021 年阿里地区年平均最高气温在 7.75～12.86℃，而整个阿里地区 7 个县气象站的年平均最高气温是 9.7℃，与整个地区平均值相比，札达和普兰分别偏高 3.16℃和 2.09℃；其他站点为偏低，其中革吉、措勤和日土偏低达 1℃以上，分别为 1.95℃、1.78℃和 1.22℃。整体上来看，空间分布特征不明显，但南部高于其他地区。

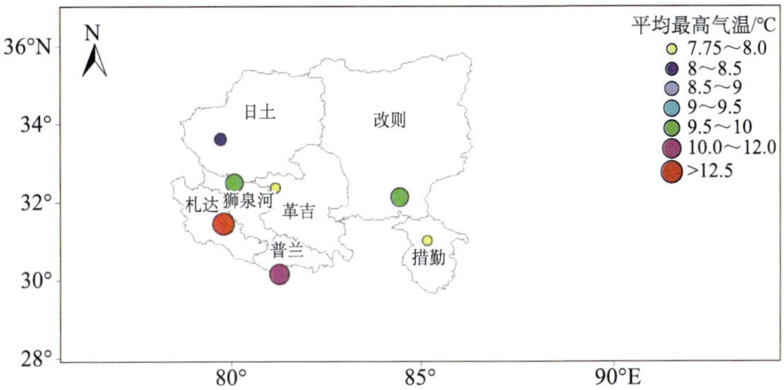

图 2-2　2016—2021 年阿里地区年平均最高气温空间分布

由图 2-3 可知，2016—2021 年阿里地区年平均最低气温在 -8.34℃（革吉）～1.41℃（普兰），而整个阿里地区 7 个县气象站的年平均最低气温是 -4.9℃，与整个地区平均值相比，普兰、札达和狮泉河分别偏高 3.49℃、2.73℃和 0.34℃；其他站点为偏低，其中革吉、措勤和日土偏低达到 1℃以上，分别为 3.44℃、1.84℃和 1.18℃。整体上来看，空间分布特征不明显，但南部高于其他地区。

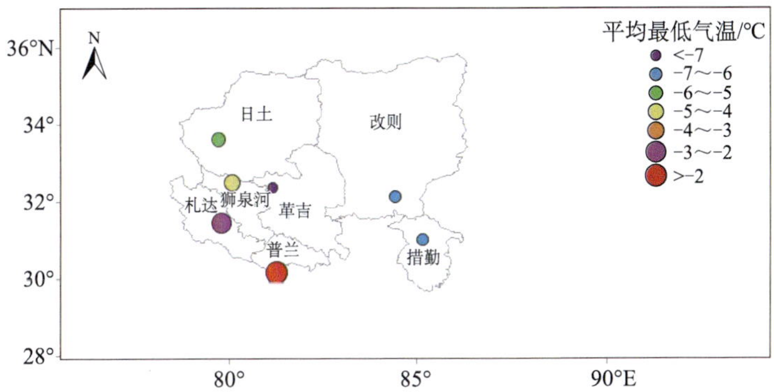

图 2-3　2016—2021 年阿里地区年平均最低气温空间分布

2.1.2 降水量

由图 2-4 可知，2016—2021 年，阿里地区年平均降水量在 66.5～243.9 mm，整个地区降水量平均值为 132 mm，与整个阿里地区相比，措勤和改则分别偏多 112 mm 和 111.1 mm；札达站偏低 65.5 mm，其他各地偏低 41～43 mm。整体上表现出西南偏低、东部偏高的趋势。

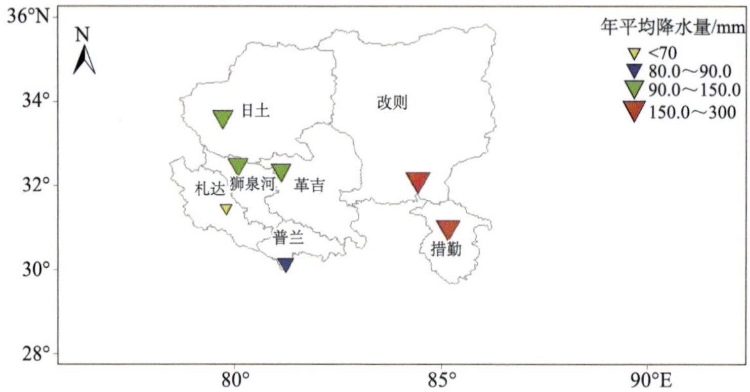

图 2-4 2016—2021 年阿里地区年平均降水量空间分布

2.2 时间分布特征

2.2.1 气温

2.2.1.1 平均气温

（1）年平均气温

由图 2-5 可知，阿里地区狮泉河站 1977—2021 年平均气温呈明显的上升趋势，近 45 a 平均气温以 0.6℃ /10a 的速度上升。狮泉河站 1977—2021 年平均气温最大值为 2016 年的 3.64℃；最小值为 1978 年的 -1.03℃；年平均气温多年平均值为 1.22℃。

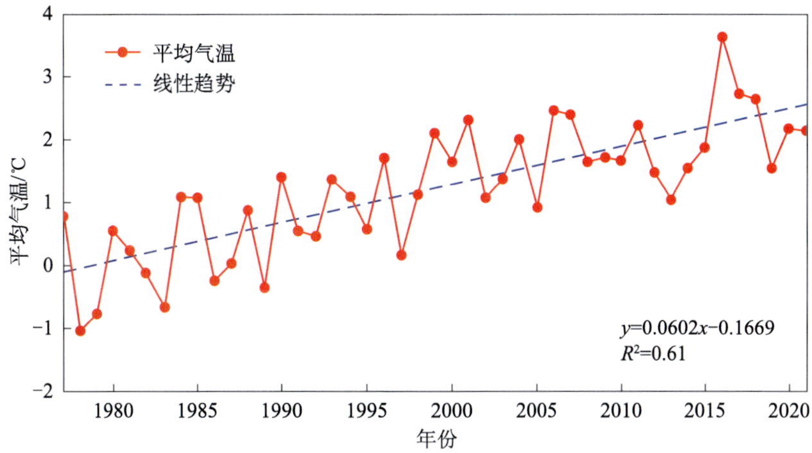

图 2-5　1977—2021 年阿里地区狮泉河站年平均气温时间变化

由图 2-6 可知，阿里地区改则站 1977—2021 年平均气温呈明显的上升趋势，近 45 a 平均气温以 0.61℃ /10a 的速度上升。改则站 1977—2021 年平均气温最大值为 2016 年的 2.40℃；最小值为 1997 年的 -1.42℃；年平均气温多年平均值为 0.62℃。

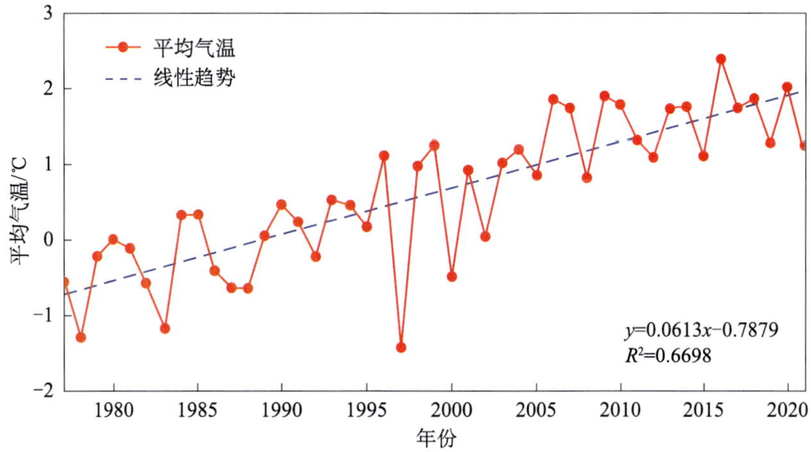

图 2-6　1977—2021 年阿里地区改则站年平均气温时间变化

由图 2-7 可知，阿里地区普兰站 1977—2021 年平均气温呈明显的上升趋势，近 45 a 平均气温以 0.38℃ /10a 的速度上升。普兰站 1977—2021 年平均气温最高值为 2016 年的 5.75℃；最低值为 1983 年的 2.12℃；近 45 a 年平均气温多年平均值为 3.74℃。

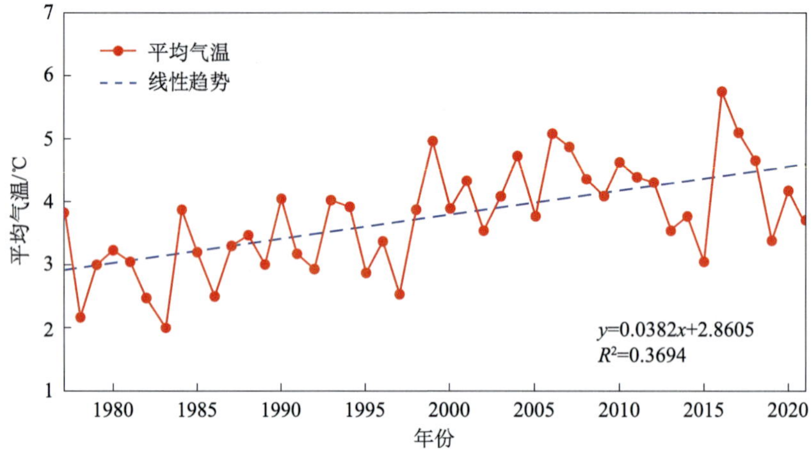

图 2-7　1977—2021 年阿里地区普兰站年平均气温时间变化

（2）月平均气温

由图 2-8 可知，阿里地区狮泉河站 1977—2021 年月平均气温为 -12.02～14.47℃，近 45 a 狮泉河站除 4—10 月外，其余月份月平均气温均为零下；最高为 7 月的 14.47℃，最低为 1 月的 -12.01℃。

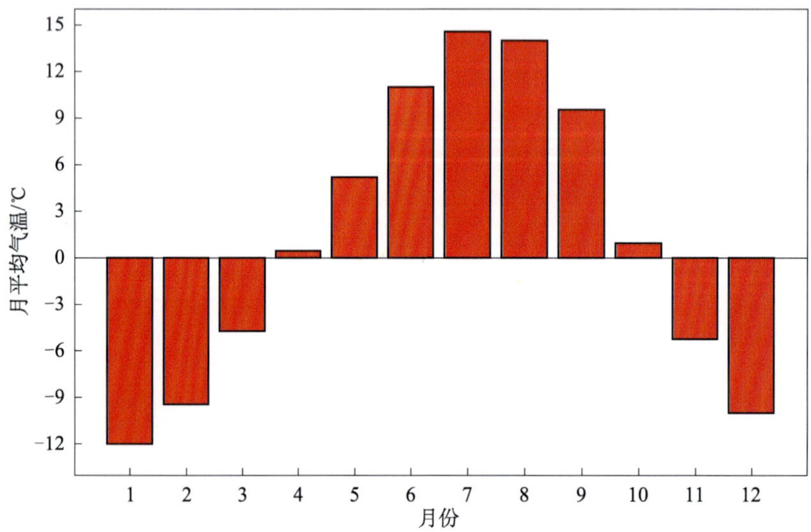

图 2-8　1977—2021 年阿里地区狮泉河站月平均气温变化

由图 2-9 可知，阿里地区改则站 1977—2021 年月平均气温为 -11.56～

12.85℃，近 45 a 改则站除 4—10 月外，其余月份月平均气温均为零下；最高为 7 月的 14.47℃，最低为 1 月的 -12.01℃。

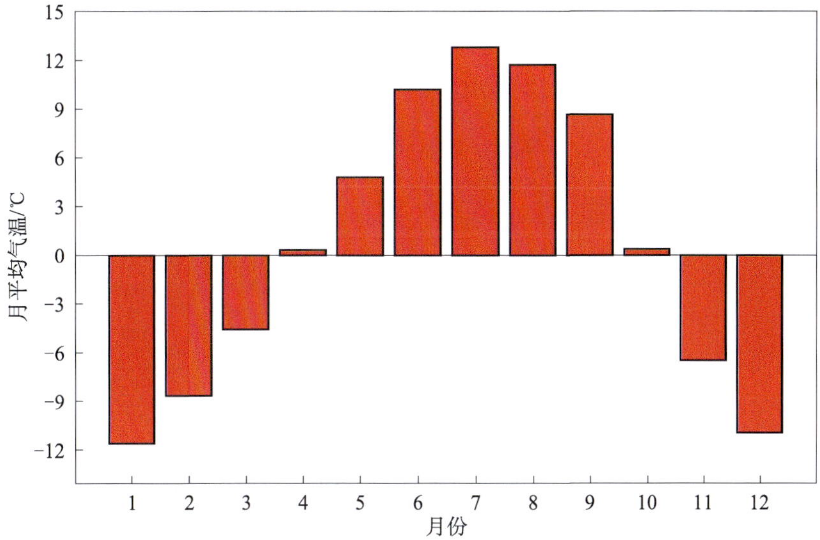

图 2-9　1977—2021 年阿里地区改则站月平均气温变化

由图 2-10 可知，阿里地区普兰站 1977—2021 年月平均气温为 -7.76～14.43℃，近 45 a 普兰站除 4—10 月外，其余月份月平均气温均为零下；最高为 7 月的 14.43℃，最低为 1 月的 -7.76℃。

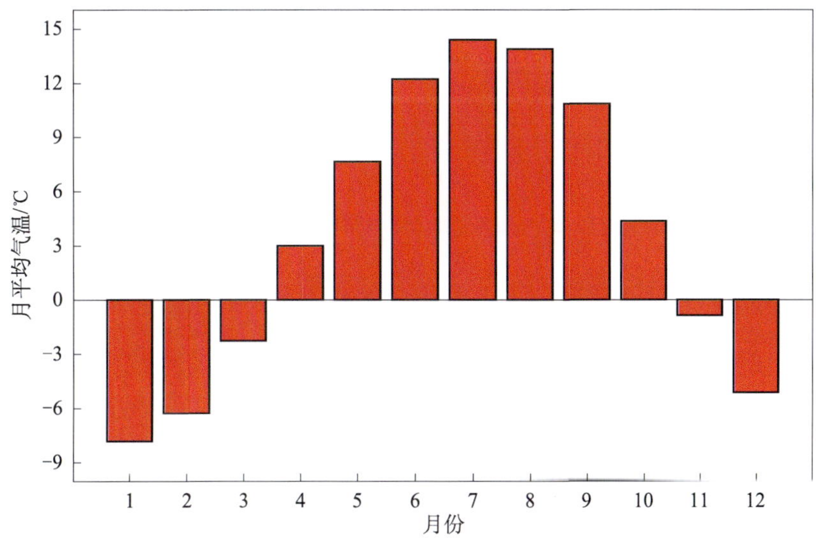

图 2-10　1977—2021 年阿里地区普兰站月平均气温变化

（3）季平均气温

由图 2-11 可知，从阿里地区三站季平均气温来看，春季平均气温为 0.21～2.77℃，其中改则站最低为 0.21℃；夏季平均气温为 11.58～13.51℃，秋季平均气温为 0.89～4.84℃，冬季平均气温为 -10.47～-6.37℃，其中狮泉河站最低为 -10.47℃；除冬季外其他三季各站平均气温都为零上，其中普兰站平均气温比其他两站相对高一些。

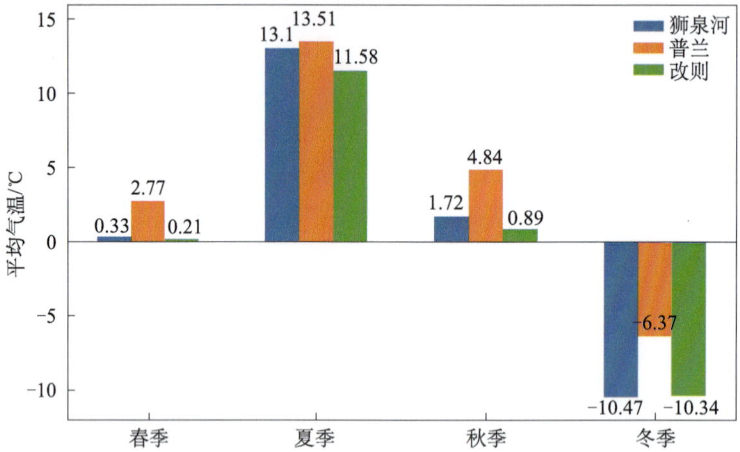

图 2-11　1977—2021 年阿里地区三站季平均气温变化

（4）年代际平均气温

由图 2-12 可知，从阿里地区狮泉河站不同年代平均气温来看，20 世纪 70 年代、80 年代平均气温总体偏低，90 年代至 21 世纪以来的平均气温总体偏高，近 10 a 平均气温较 20 世纪 70 年代高 2.21℃。

由图 2-13 可知，从阿里地区改则站不同年代平均气温来看，20 世纪 70 年代、80 年代平均气温总体偏低，90 年代至 21 世纪以来的平均气温总体偏高，近 10 a 平均气温较 20 世纪 70 年代高 2.16℃。

由图 2-14 可知，从阿里地区普兰站不同年代平均气温来看，总体呈逐年代上升趋势，20 世纪 70—90 年代平均气温总体偏低，21 世纪以来的平均气温总体偏高，近 10 a 平均气温较 20 世纪 70 年代高 1.3℃。

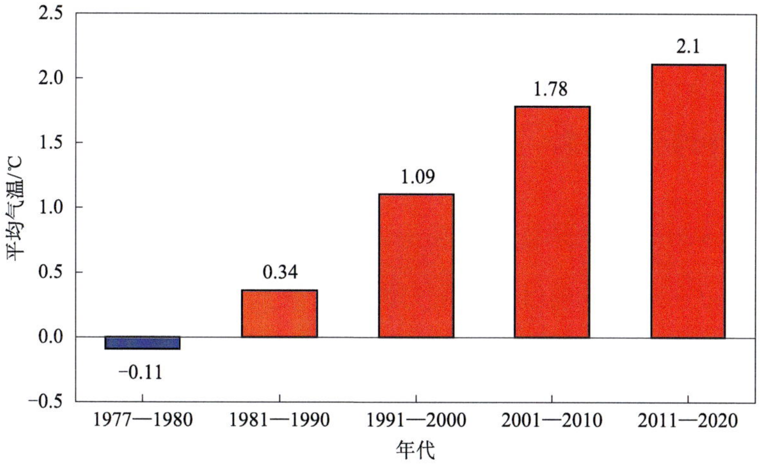

图 2-12　1977—2020 年阿里地区狮泉河站年代际平均气温变化

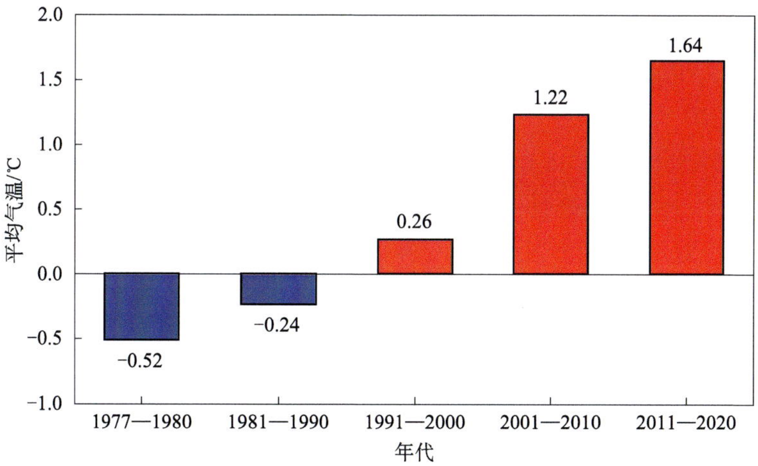

图 2-13　1977—2020 年阿里地区改则站年代际平均气温变化

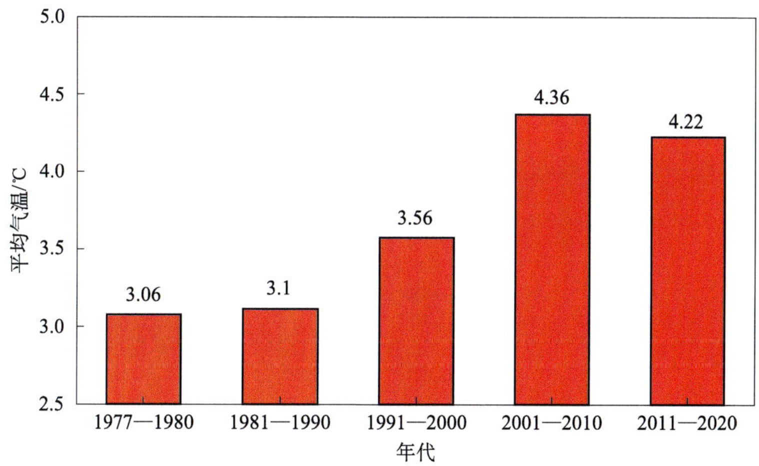

图 2-14　1977—2020 年阿里地区普兰站年代际平均气温变化

2.2.1.2 平均最高气温

（1）年平均最高气温

由图 2-15 可知，阿里地区狮泉河站 1977—2021 年平均最高气温呈明显上升趋势，近 45 a 平均气温以 0.48℃ /10a 的速度上升。狮泉河站 1977—2021 年平均气温最高值为 2016 年的 10.99℃，最低值为 1983 年的 6.68℃；近 45 a 年平均最高气温平均值为 8.69℃。

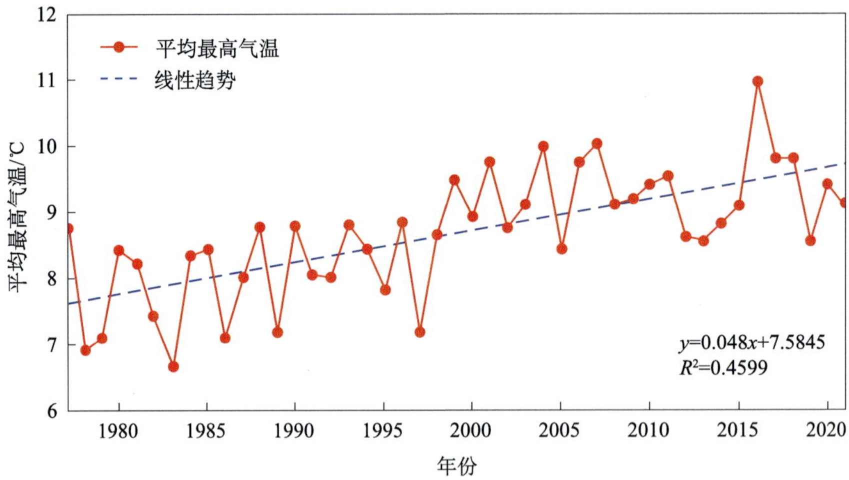

图 2-15　1977—2021 年阿里地区狮泉河站年平均最高气温时间变化

由图 2-16 可知，阿里地区改则站 1977—2021 年平均最高气温呈明显上升趋势，近 45 a 平均气温以 0.45℃ /10a 的速度上升。改则站 1977—2021 年平均气温最高值为 2016 年的 10.5℃，最低值为 1997 年的 6.37℃；近 45 a 年平均最高气温平均值为 8.68℃。

由图 2-17 可知，阿里地区普兰站 1977—2021 年平均最高气温呈明显上升趋势，近 45 a 平均气温以 0.32℃ /10a 的速度上升。普兰站 1977—2021 年平均气温最高值为 2016 年的 13.20℃，最低值为 1983 年的 9.41℃；近 45 a 年平均最高气温平均值为 11.26℃。

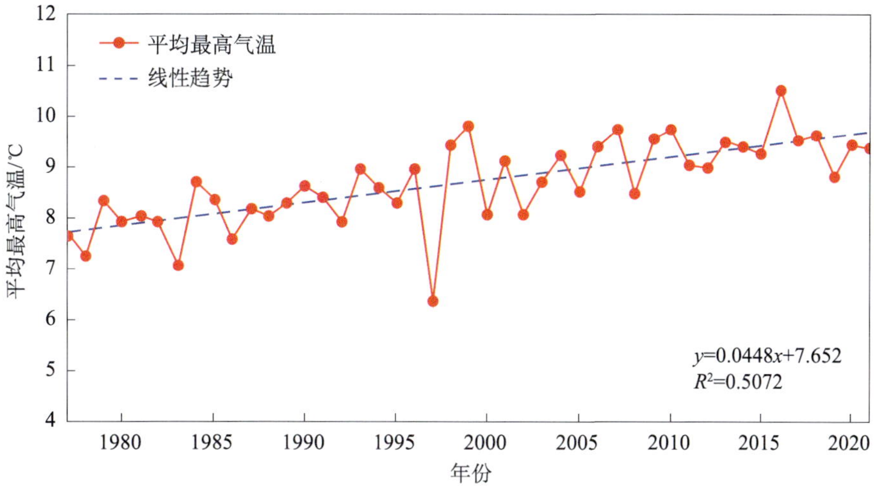

图 2-16 1977—2021 年阿里地区改则站年平均最高气温时间变化

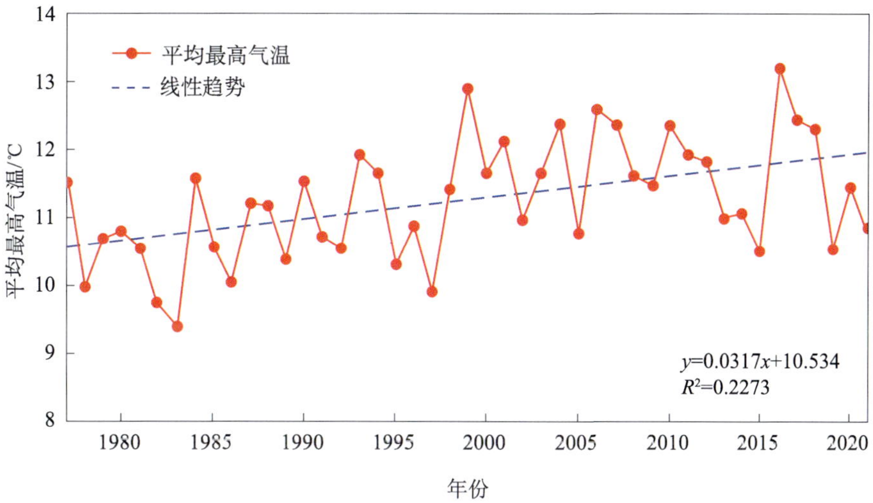

图 2-17 1977—2021 年阿里地区普兰站年平均最高气温时间变化

（2）月平均最高气温

由图 2-18 可知，阿里地区狮泉河站 1977—2021 年月平均最高气温为 -4.29～21.56℃，近 45 a 狮泉河站 1 月、2 月、12 月的月平均最高气温均为零下，其余月份均为零上；最大为 7 月的 21.56℃，最小为 1 月的 4.29℃。

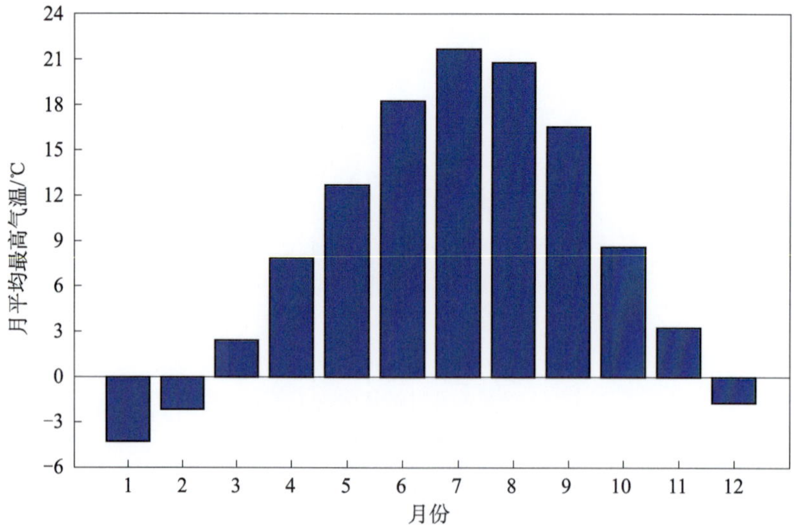

图 2-18　1977—2021 年阿里地区狮泉河站月平均最高气温变化

由图 2-19 可知，阿里地区改则站 1977—2021 年月平均最高气温为 -2.95～20.17℃，近 45 a 改则站 1 月、2 月、12 月的月平均最高气温均为零下，其余月份均为零上；最高为 7 月的 20.17℃，最低为 1 月的 -2.95℃。

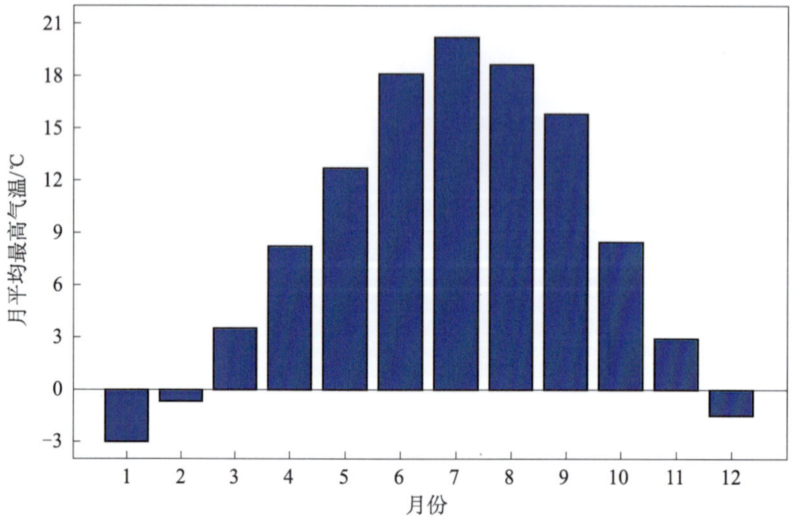

图 2-19　1977—2021 年阿里地区改则站月平均最高气温变化

由图 2-20 可知，阿里地区普兰站 1977—2021 年月平均最高气温为 -0.02～21.23℃，近 45 a 除 1 月为零下外，其余月平均最高气温均为零上；最高为 7 月的 21.23℃，最低为 1 月的 -0.02℃。

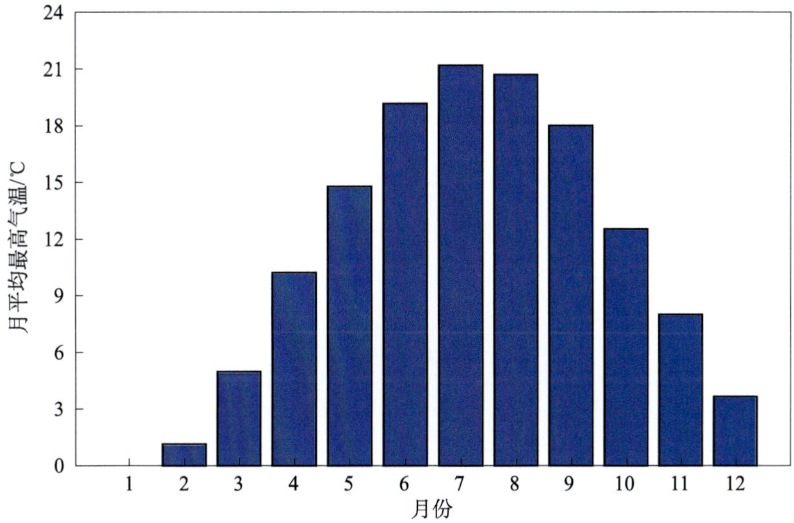

图 2-20　1977—2021 年阿里地区普兰站月平均最高气温变化

（3）季平均最高气温

由图 2-21 可知，从三站季平均最高气温来看，春季平均最高气温为 0.76～10.0℃，其中狮泉河站最低为 0.76℃；夏季平均最高气温均为 20℃；秋季平均最高气温 9.06～12.86℃；冬季平均最高气温 -2.65～1.57℃，其中狮泉河站最低为 -2.65℃；冬季狮泉河站和改则站平均最高气温均为零下，普兰站平均最高气温相比其他两站高一些。

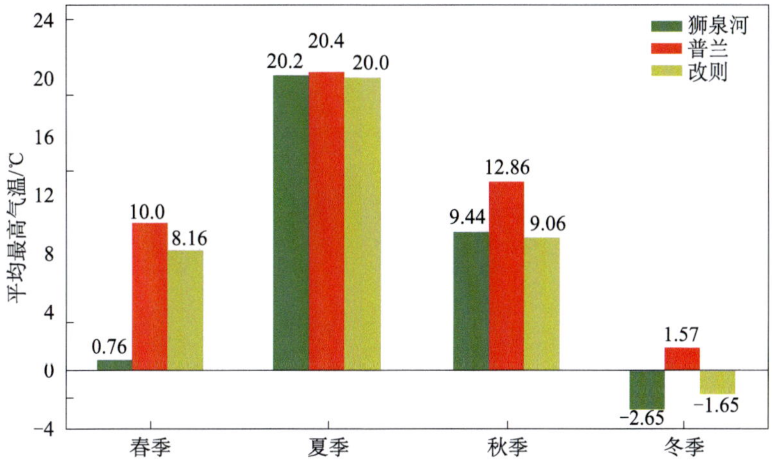

图 2-21　1977—2021 年阿里地区三站季平均最高气温变化

（4）年代际平均最高气温

由图 2-22 可知，从阿里地区狮泉河站不同年代平均最高气温来看，20 世纪 70 年代、80 年代平均最高气温总体偏低，90 年代至 21 世纪以来的平均气温总体偏高，近 10 a 平均气温较 20 世纪 70 年代高 1.5℃。

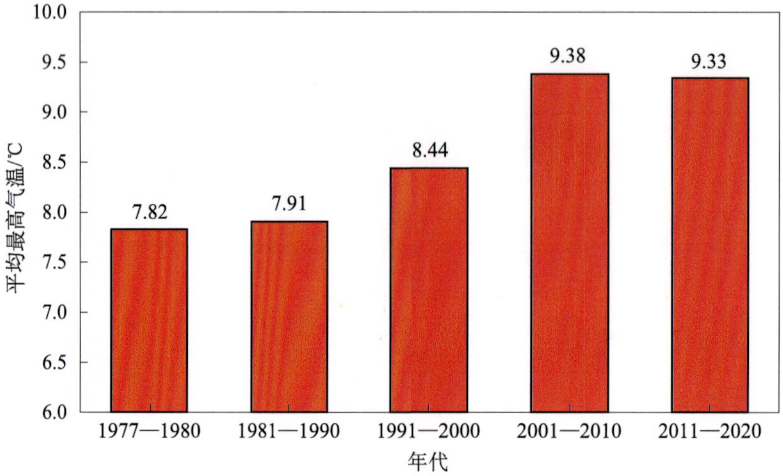

图 2-22　1977—2020 年阿里地区狮泉河站年代际平均最高气温变化

由图 2-23 可知，从阿里地区改则站不同年代平均最高气温来看，20 世纪 70—90 年代平均最高气温总体偏低，21 世纪以来的平均气温总体偏高，近 10 a 平均气温较 20 世纪 70 年代高 1.62℃。

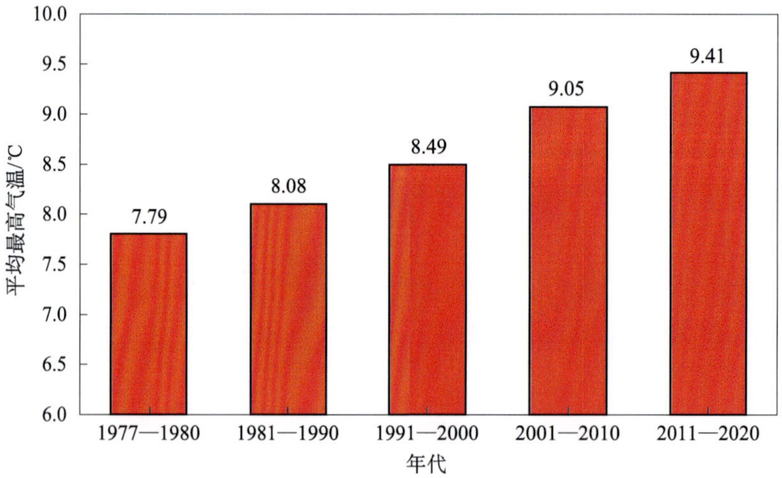

图 2-23　1977—2020 年阿里地区改则站年代际平均最高气温变化

由图 2-24 可知，阿里地区普兰站不同年代平均最高气温呈逐年代上升趋势，20 世纪 70 年代、80 年代平均最高气温总体偏低，90 年代至 21 世纪以来的平均气温总体偏高，近 10 a 平均气温较 20 世纪 80 年代高 1.09℃。

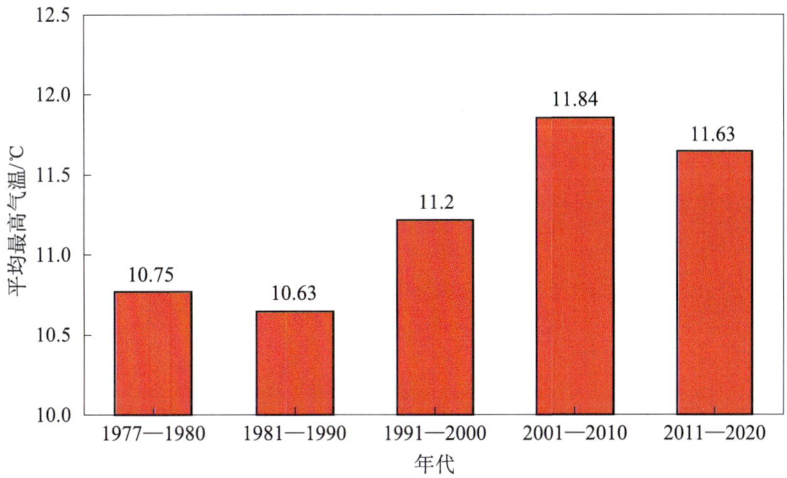

图 2-24　1977—2020 年阿里地区普兰站年代际平均最高气温变化

2.2.1.3　平均最低气温

（1）年平均最低气温

由图 2-25 可知，阿里地区狮泉河站 1977—2021 年最低气温平均值呈明显上升趋势，近 45 a 平均最低气温平均值以 0.79℃ /10a 的速度上升。狮泉河站 1977—2021 年平均最低气温最大值为 2016 年的 -3.74℃，平均最低气温最小值为 1978 年的 -9.02℃；近 45 a 年平均最低气温平均值为 -6.37℃。

由图 2-26 可知，阿里地区改则站 1977—2021 年最低气温平均值呈明显上升趋势，近 45 a 平均最低气温平均值以 0.86℃ /10a 的速度上升。改则站 1977—2021 年平均最低气温最大值为 2006 年的 -5.76℃，平均最低气温最小值为 1978 年的 -10.22℃；近 45 a 年平均最低气温平均值为 -7.67℃。

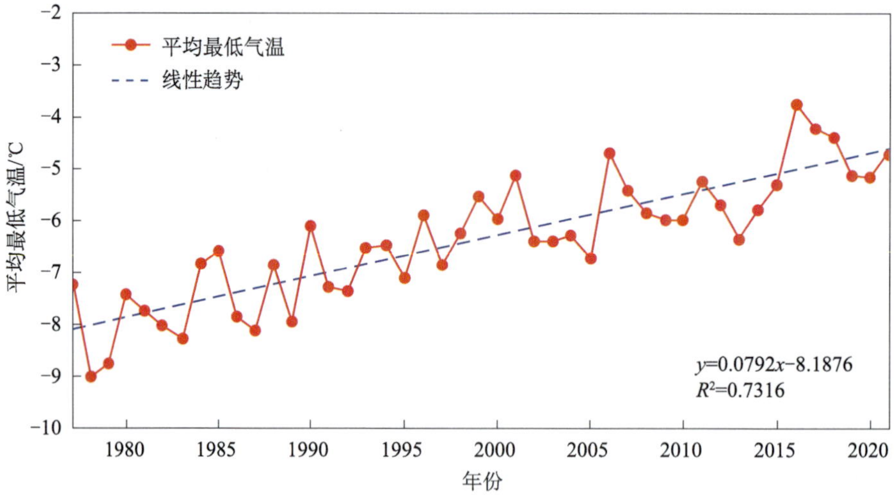

图 2-25　1977—2021 年阿里地区狮泉河站年平均最低气温时间变化

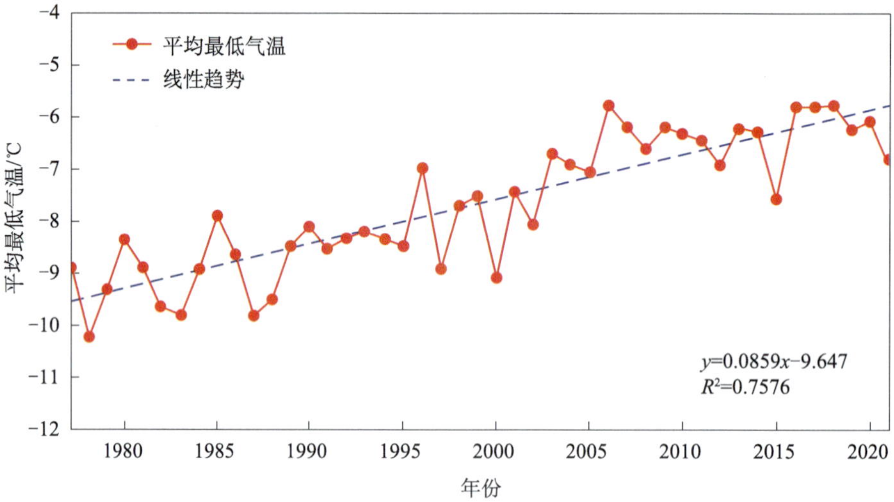

图 2-26　1977—2021 年阿里地区改则站年平均最低气温时间变化

由图 2-27 可知，阿里地区普兰站 1977—2021 年最低气温平均值呈明显上升趋势，近 45 a 平均最低气温平均值以 0.49℃ /10a 的速度上升。普兰站 1977—2021 年平均最低气温最大值为 2016 年的 −0.60℃，平均最低气温最小值为 1978 年的 −4.51℃；近 45 a 年平均最低气温平均值为 −2.49℃。

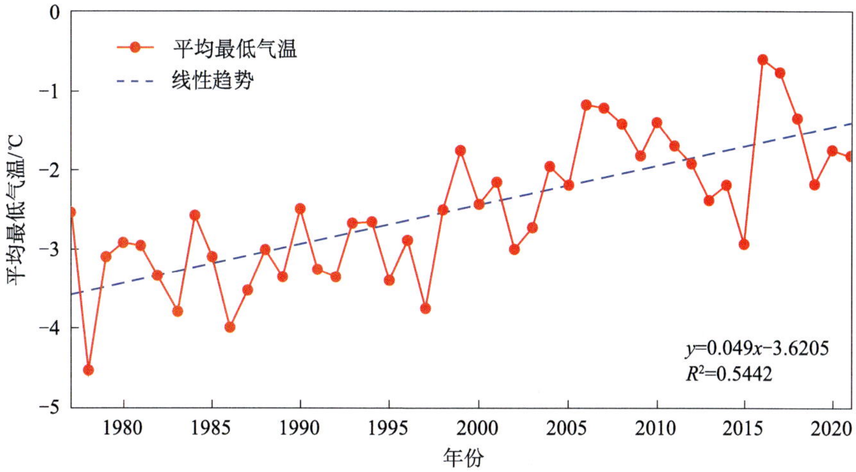

图 2-27　1977—2021 年阿里地区普兰站年平均最低气温时间变化

（2）月平均最低气温

由图 2-28 可知，阿里地区狮泉河站 1977—2021 年月平均最低气温为 −19.7～7.96℃，近 45 a 狮泉河站除 6—9 月外，其余月平均最低气温均为零下；最大为 7 月的 7.96℃，最小为 1 月的 −19.7℃。

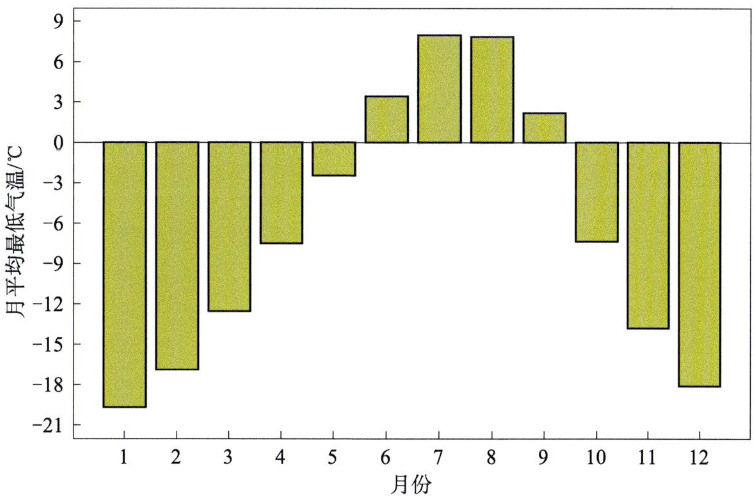

图 2-28　1977—2021 年阿里地区狮泉河站月平均最低气温变化

由图 2-29 可知，阿里地区改则站 1977—2021 年月平均最低气温为 −21.03～6.23℃，近 45 a 改则站除 6—9 月外，其余月平均最低气温均为零下；最高为

7 月的 6.23℃，最低为 1 月的 -21.03℃。

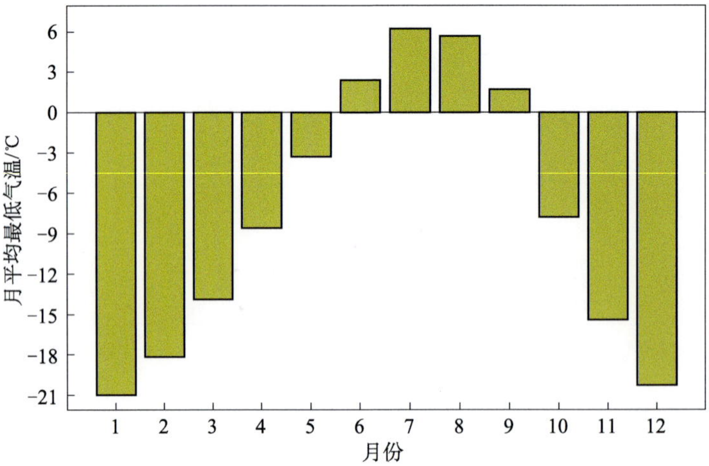

图 2-29　1977—2021 年阿里地区改则站月平均最低气温变化

由图2-30可知，阿里地区普兰站1977—2021年月平均最低气温为-14.2～9.07℃，近 45 a 普兰站除 5—9 月外，其余月平均最低气温均为零下；最高为 7 月的 9.07℃，最低为 1 月的 -14.20℃。

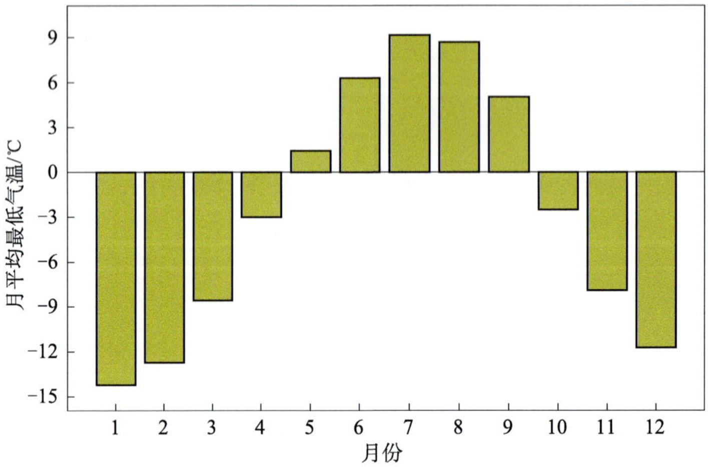

图 2-30　1977—2021 年阿里地区普兰站月平均最低气温变化

（3）季平均最低气温

由图2-31可知，从三站季平均最低气温来看，春季平均最低气温为-8.57～-3.42℃，其中改则站最低为 -8.57℃；夏季平均最低气温为 4.8～7.79℃；秋

季平均最低气温为 -7.19～-1.78℃；冬季平均最低气温为 -19.85～-12.92℃，其中改则站最低为 -19.85℃；除夏季外，其他三季各站平均最低气温均为零下，普兰站平均最低气温比其他两站相对高一些。

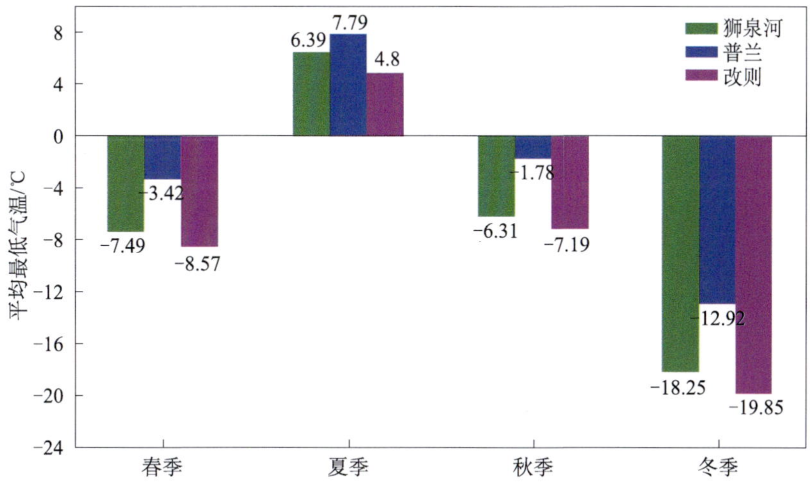

图 2-31　1977—2021 年阿里地区三站季平均最低气温变化

（4）年代际平均最低气温

由图 2-32 可知，从阿里地区狮泉河站不同年代平均最低气温来看，20 世纪 70 年代、80 年代平均最低气温总体偏低，90 年代至 21 世纪以来的平均最低气温总体偏高，近 10 a 平均气温较 20 世纪 70 年代高 3℃。

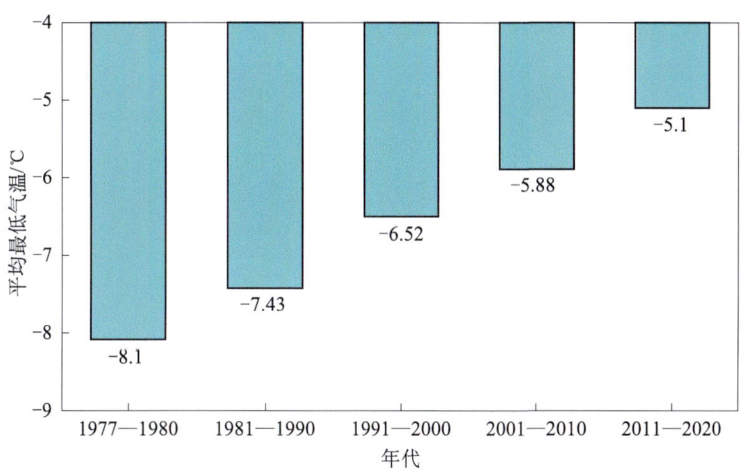

图 2-32　1977—2020 年阿里地区狮泉河站年代际平均最低气温变化

由图 2-33 可知，阿里地区改则站不同年代平均最低气温来看，20 世纪 70—90 年代平均最低气温总体偏低，21 世纪以来的平均最低气温总体偏高，近 10 a 平均气温较 20 世纪 70 年代高 2.88℃。

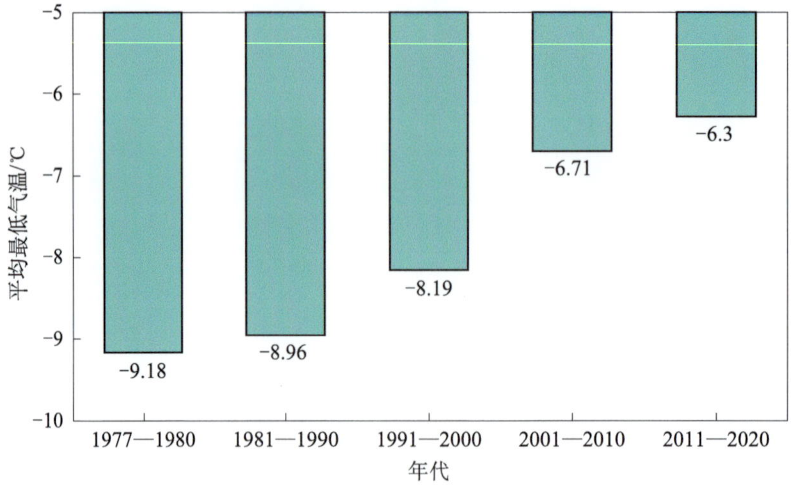

图 2-33 1977—2020 年阿里地区改则站年代际平均最低气温变化

由图 2-34 可知，阿里地区普兰站不同年代平均最低气温呈逐年代上升趋势，20 世纪 70—90 年代平均最低气温总体偏低，21 世纪以来的平均最低气温总体偏高，近 10 a 平均气温较 20 世纪 70 年代高 1.49℃。

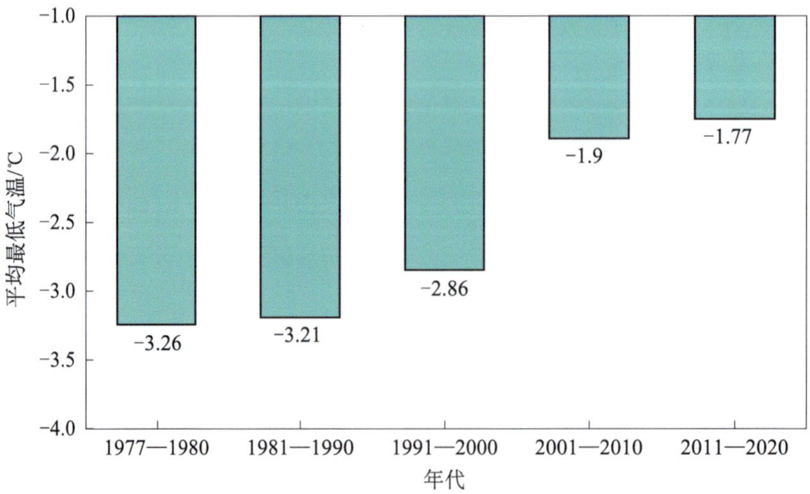

图 2-34 1977—2020 年阿里地区普兰站年代际平均最低气温变化

2.2.2　降水量

(1) 年降水量

由图2-35可知，阿里地区狮泉河站1977—2021年年降水量呈略增多趋势，近45 a平均年降水量以2.51 mm/10a的速度增多。年降水最高值为2015年的138.2 mm；最低值为1982年的21.2 mm；平均年降水量为70.37 mm。

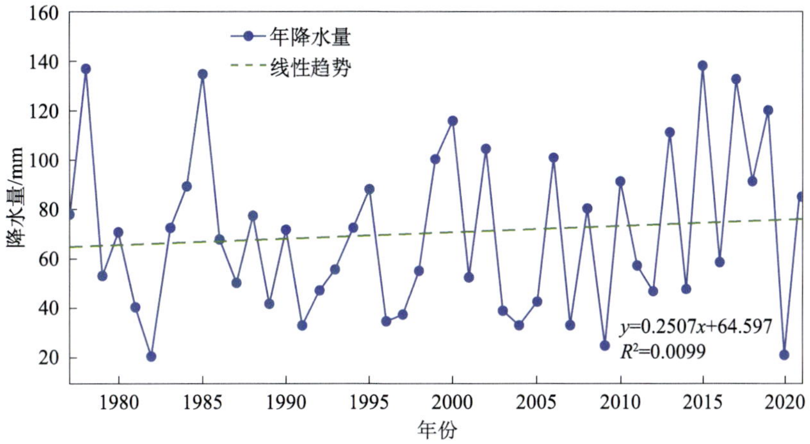

图 2-35　1977—2021 年阿里地区狮泉河站年降水量时间变化

由图2-36可知，阿里地区改则站1977—2021年年降水量呈略增多趋势，近45 a平均年降水量以1.73 mm/10a的速度增多。年降水量最高值为2017年的367.50 mm；最低值为1987年的72.40 mm；平均年降水量为184.47 mm。

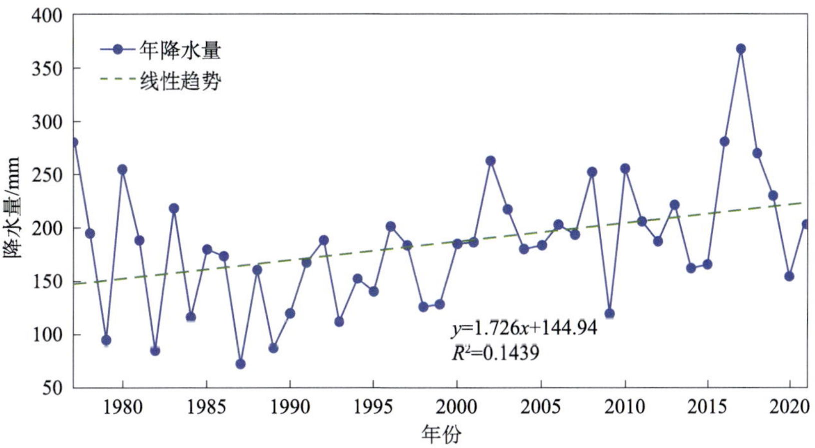

图 2-36　1977—2021 年阿里地区改则站年降水量时间变化

由图 2-37 可知，阿里地区普兰站 1977—2021 年年降水量呈略减少趋势，近 45 a 平均年降水量以 3.15 mm/10a 的速度下降。年降水量最高值为 2013 年的 293.70 mm；最低值为 2020 年的 64.00 mm；平均年降水量为 154.51 mm。

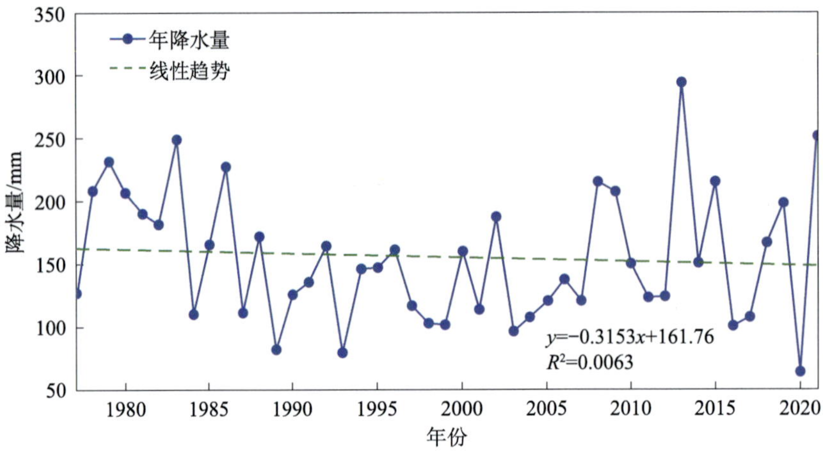

图 2-37　1977—2021 年阿里地区普兰站年降水量时间变化

（2）月降水量

由图 2-38 可知，阿里地区狮泉河站 1977—2021 年月降水量为 0.51～25.33 mm，近 45 a 狮泉河站 6—9 月的各月降水量均为 5 mm 以上，其余月份均未达到 5 mm，最高值出现在 7 月，为 25.33 mm，最低值出现在 11 月，为 0.51 mm。

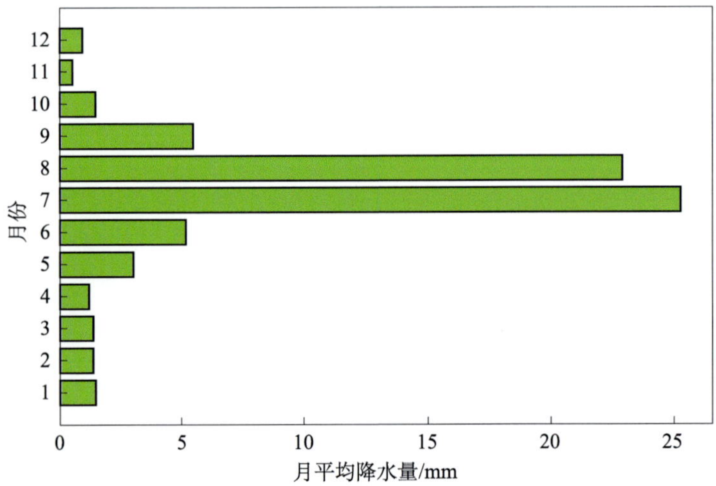

图 2-38　1977—2021 年阿里地区狮泉河站月降水量变化

由图 2-39 可知，阿里地区改则站 1977—2021 年月降水量为 0.47～63.36 mm，近 45 a 改则站 6—9 月的月降水量均在 20 mm 以上，其余月份均未达到 10 mm，最高值出现在 8 月，为 63.36 mm，最低值出现在 11 月，为 0.47 mm。

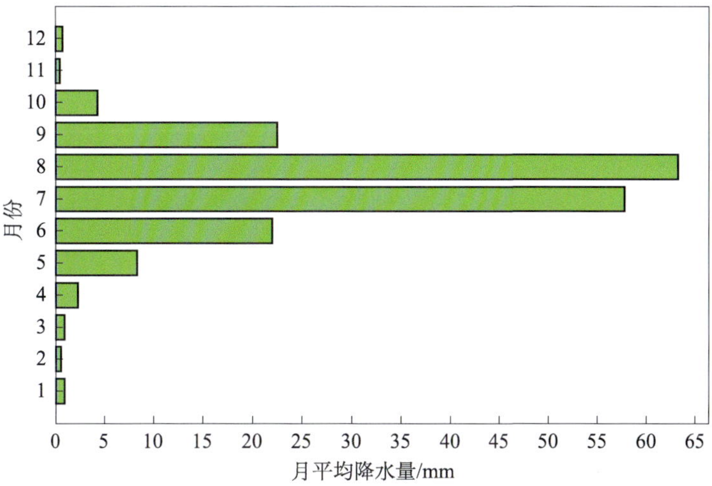

图 2-39　1977—2021 年阿里地区改则站月降水量变化

由图 2-40 可知，阿里地区普兰站 1977—2021 年月降水量为 3.52～24.20 mm，近 45 a 普兰站 2 月、3 月、7 月、8 月的月降水量在 15 mm 以上，其余月份均未达到 15 mm，最高值出现在 8 月，为 24.20 mm，最低值出现在 11 月，为 3.52 mm。

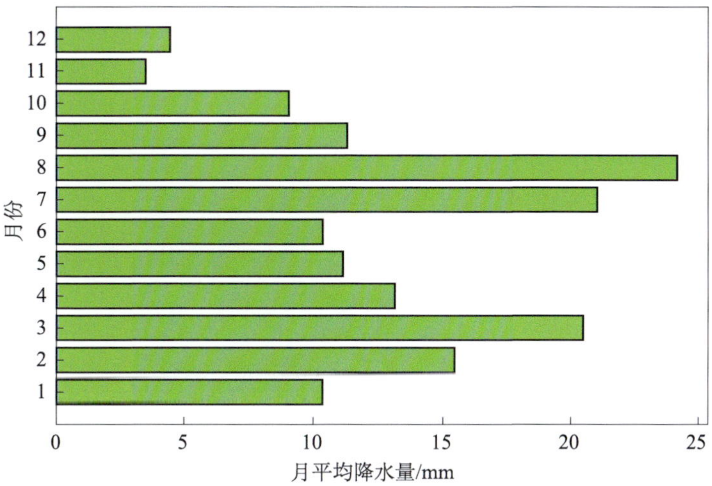

图 2-40　1977—2021 年阿里地区普兰站月降水量变化

（3）季降水量

由图 2-41 可知，从 1977—2021 年三站季平均降水量来看，春季三站降水量为 5.6～44.4 mm；夏季三站降水量为 53.5～143.3 mm；秋季三站降水量为 7.5～27.4 mm；冬季三站降水量为 2.1～30.3 mm。狮泉河站各季降水与其他两站相比同期降水量较少，夏季、秋季改则站降水量比其他两站多，尤其夏季降水明显偏多；春季、冬季普兰站相比其他两站均为偏多。

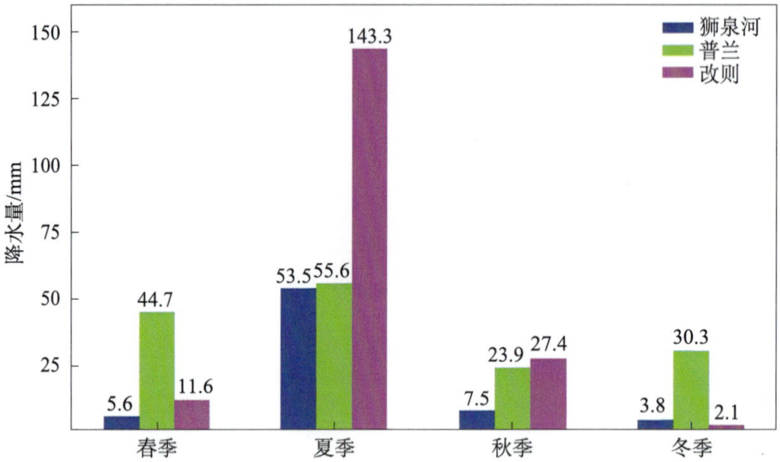

图 2-41　1977—2021 年阿里地区三站季平均降水量变化

（4）年代际降水量

由图 2-42 可知，从阿里地区狮泉河站不同年代的降水量来看，在 10 a 的年际尺度上，近 45 a 来以 20 世纪 70 年代、21 世纪 10 年代的平均降水量最多，达到 80 mm 以上，其余年代均为 64 mm 左右。

由图 2-43 可知，从阿里地区改则站不同年代降水量来看，在 10 a 的年际尺度上，近 45 a 来以 20 世纪 70 年代和 21 世纪 00 年代、10 年代的平均降水量最多，达到 200 mm 以上，其余年代均为 160 mm 左右。

由图 2-44 可知，从阿里地区普兰站不同年代降水量来看，在 10 a 的年际尺度上，近 45 a 来 20 世纪 70 年代至 90 年代平均降水量呈减少趋势，90 年代

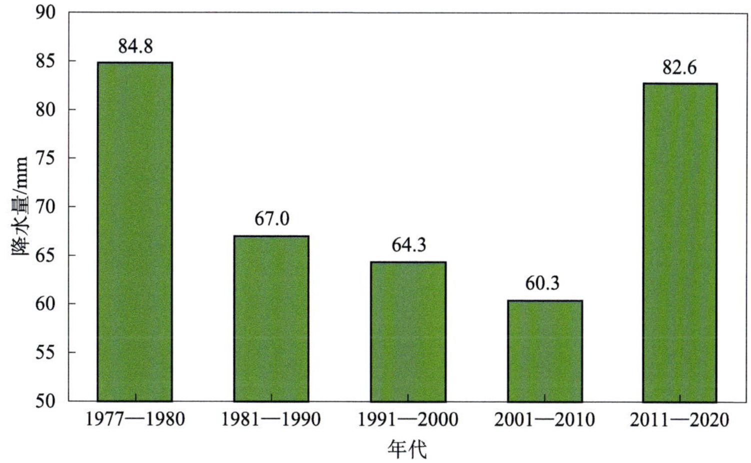

图 2-42　1977—2020 年阿里地区狮泉河站年代际降水量变化

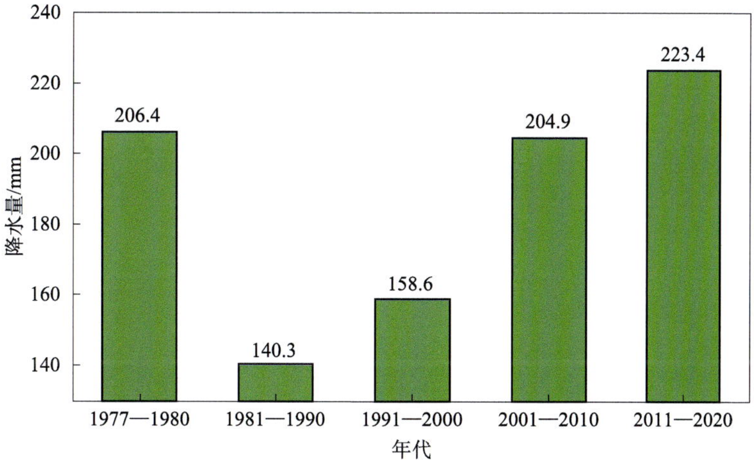

图 2-43　1977—2020 年阿里地区改则站年代际降水量变化

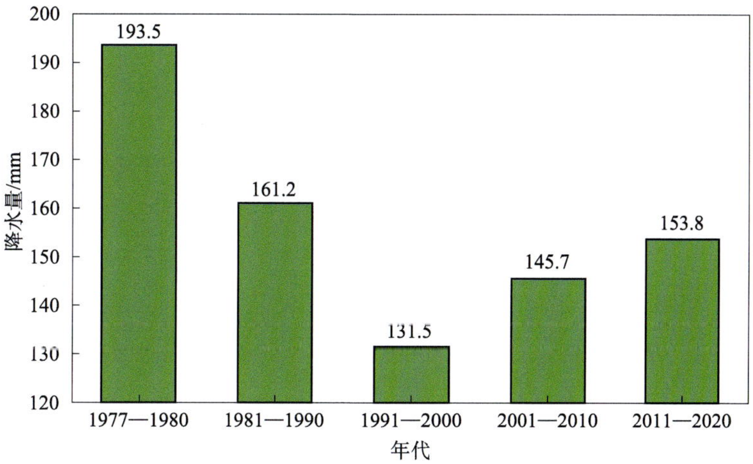

图 2-44　1977—2020 年阿里地区普兰站年代际降水量变化

后增多。最大值为20世纪70年代的193.5 mm，最小值为90年代的131.5 mm，其余年代均为145 mm至161 mm之间。

2.2.3 日照时数

（1）年日照时数

由图2-45可知，阿里地区狮泉河站1977—2021年日照时数呈略减少趋势，近45 a平均总日照时数以50.63 h/10a的速度减少。狮泉河站1977—2021年日照时数最高值为2021年的3865.3 h，最低值为2012年的2968.5 h；平均日照时数为3503.69 h。

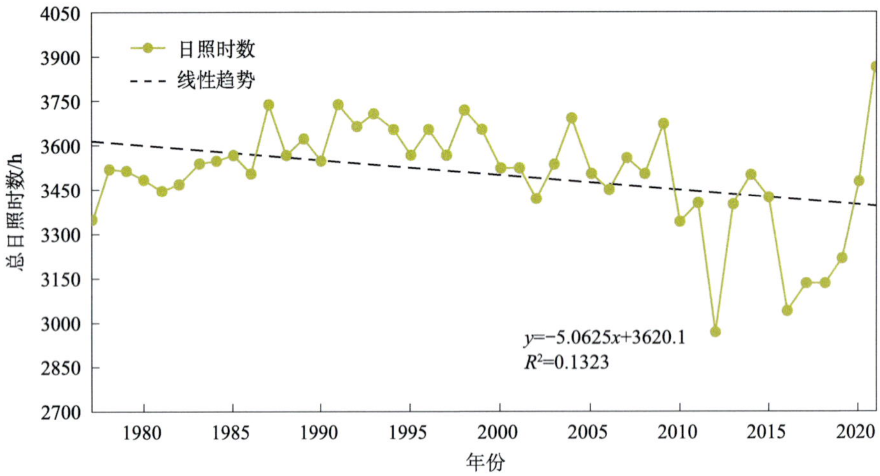

图2-45　1977—2021年阿里地区狮泉河站年日照时数时间变化

由图2-46可知，阿里地区改则站1977—2021年的日照时数呈略减少趋势，近45 a平均总日照时数以27.75 h/10a的速度减少。改则站1977—2021年日照时数最高值为1994年的3463.60 h，最低值为2016年的2739.60 h；平均日照时数为3194.98 h。

由图2-47可知，阿里地区普兰站1977—2021年日照时数呈略减少趋势，近45 a平均总日照时数以29.83 h/10a的速度减少。普兰站1977—2021年日照时数最高值为2020年的3628.90 h，最低值为1985年的2651.00 h；平均日照时数为 3170.01 h。

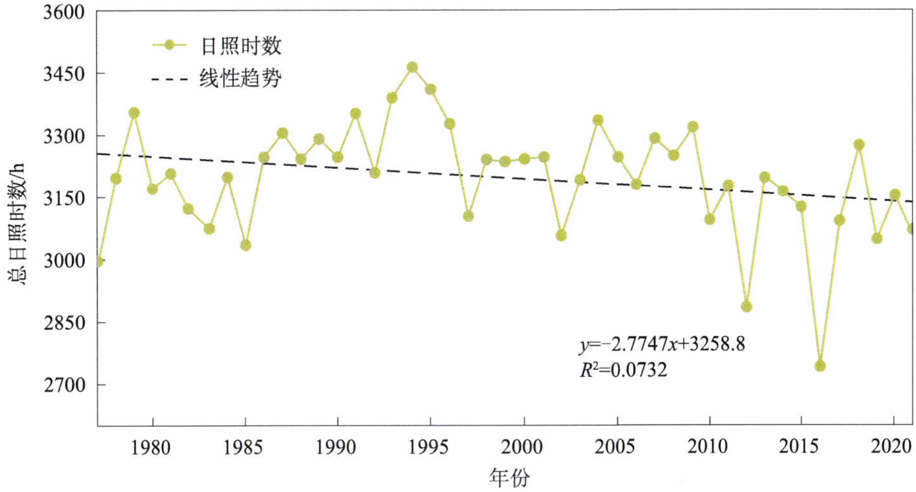

图 2-46　1977—2021 年阿里地区改则站年日照时数时间变化

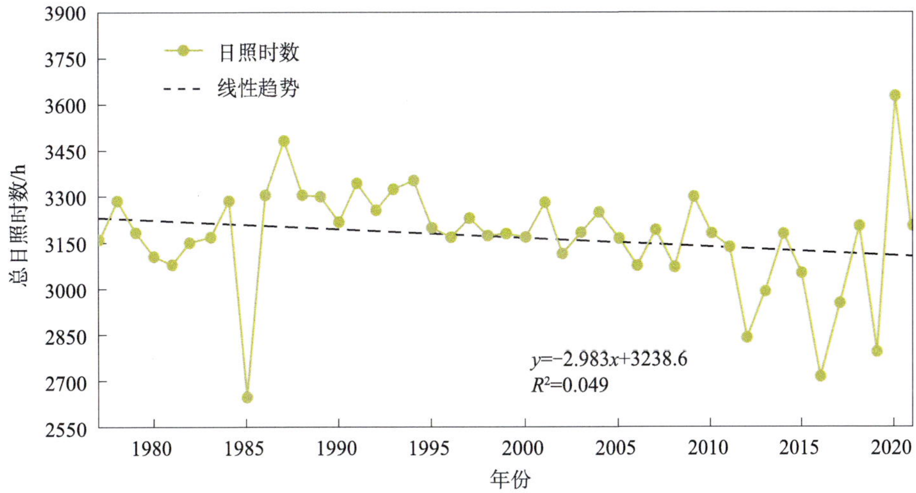

图 2-47　1977—2021 年阿里地区普兰站年日照时数时间变化

（2）月日照时数

由图 2-48 可知，阿里地区狮泉河站 1977—2021 年月平均日照时数为 242.07～339.94 h，近 45 a 狮泉河站 4—7 月和 10 月的月平均日照时数均在 300 h 以上，其余月份均未达到 300 h，最高值为 6 月的 339.94 h，最低值为 2 月的 242.07 h。

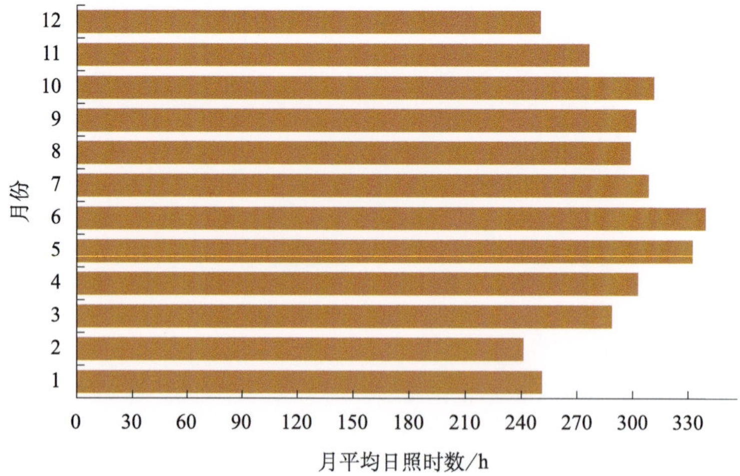

图 2-48　1977—2021 年阿里地区狮泉河站月日照时数变化

由图 2-49 可知，阿里地区改则站 1977—2021 年月平均日照时数为 217.87～307.40 h，近 45 a 改则站 5—7 月和 10 月的月平均日照时数均在 280 h 以上，其余月份均未达到 280 h，最高值为 6 月的 307.40 h，最低值为 2 月的 217.87 h。

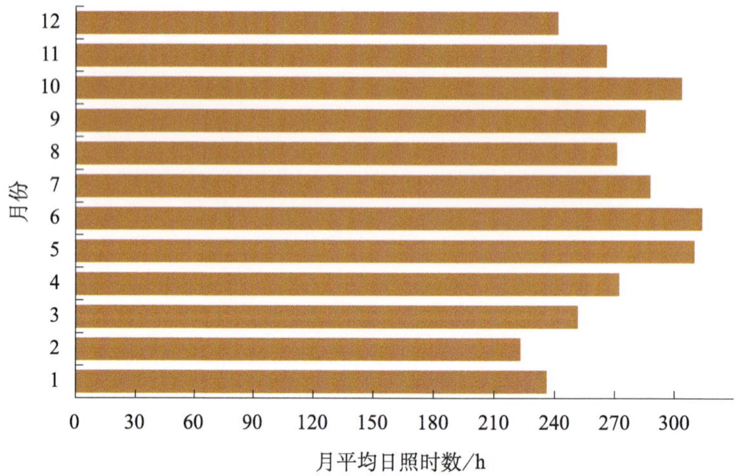

图 2-49　1977—2021 年阿里地区改则站月日照时数变化

由图 2-50 可知，阿里地区普兰站 1977—2021 年月平均日照时数为 242.07～339.94 h，近 45 a 普兰站 4—6 月、9—10 月的月平均日照时数均在 270 h 以上，其余月份均未达到 270 h，最高值为 6 月的 313.74 h，最低值为 2 月的 217.98 h。

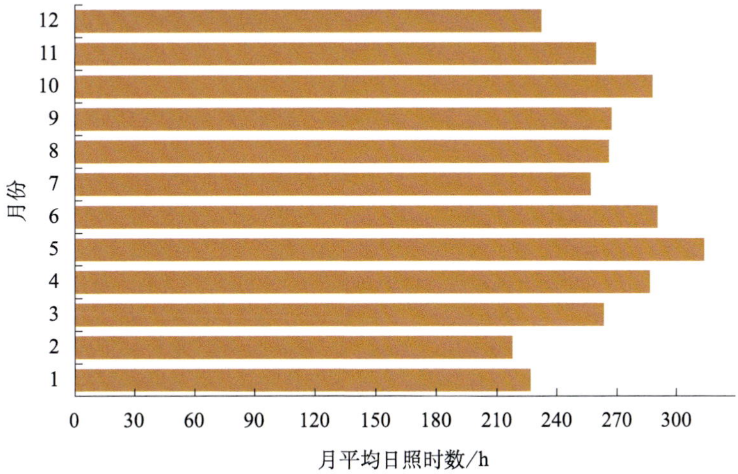

图 2-50　1977—2021 年阿里地区普兰站月日照时数变化

（3）季日照时数

由图 2-51 可知，从三站季日照时数来看，除冬季外其他三季三站日照时数都达 800 h 以上；春季日照时数为 817.4～924.7 h，其中改则站最少为 817.4 h；夏季日照时数为 813.0～948.3 h，其中普兰站最少为 813.0 h；秋季日照时数为 815.7～889.2 h，其中普兰站最少为 815.7 h；冬季日照时数为 677.4～741.5 h，其中普兰站最少为 677.4 h；除春季外改则站日照时数比普兰站多，狮泉河站各季日照时数比其他两站明显偏多。

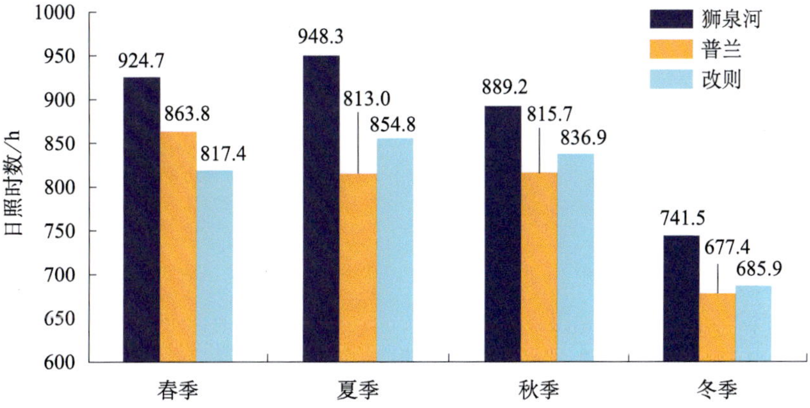

图 2-51　1977—2021 年阿里地区三站季日照时数变化

（4）年代际日照时数

由图 2-52 可知，从阿里地区狮泉河站近 45 a 不同年代日照时数来看，20 世纪 80 年代至 21 世纪 00 年代平均日照时数超过 3500 h，90 年代平均日照时数最多为 3645 h，21 世纪 10 年代最少，为 3271.8 h。

由图 2-53 可知，从阿里地区改则站近 45 a 不同年代日照时数来看，20 世纪 90 年代、21 世纪 00 年代平均日照时数超过 3200 h，其余年代平均日照时数最多为 3200 h，21 世纪 10 年代最少，为 3084.7 h。

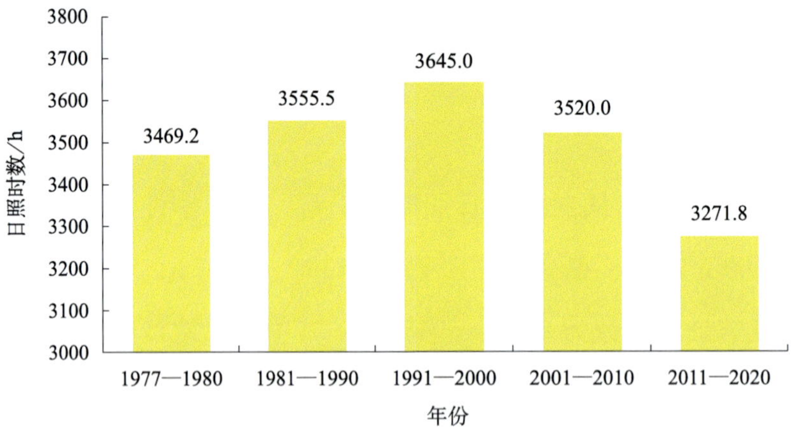

图 2-52　1977—2020 年阿里地区狮泉河站年代际日照时数变化

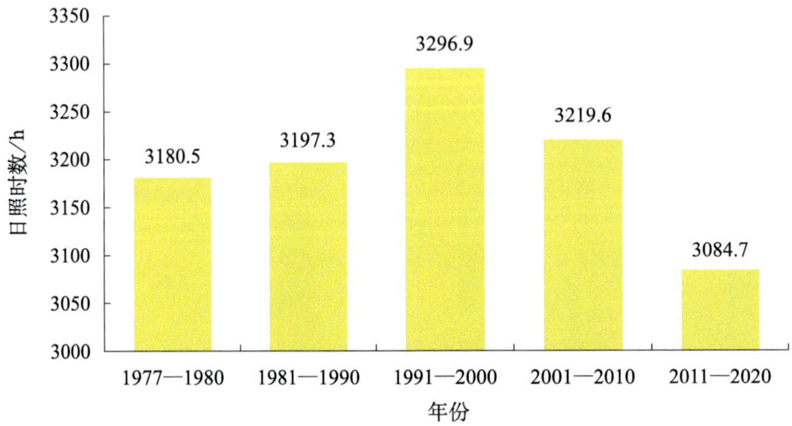

图 2-53　1977—2020 年阿里地区改则站年代际日照时数变化

由图 2-54 可知，从阿里地区普兰站近 45 a 不同年代日照时数来看，20 世纪 80 年代至 21 世纪 00 年代平均日照时数超过 3100 h，90 年代平均日照时数最多，为 3241.9 h，21 世纪 10 年代最少，为 3051.9 h。

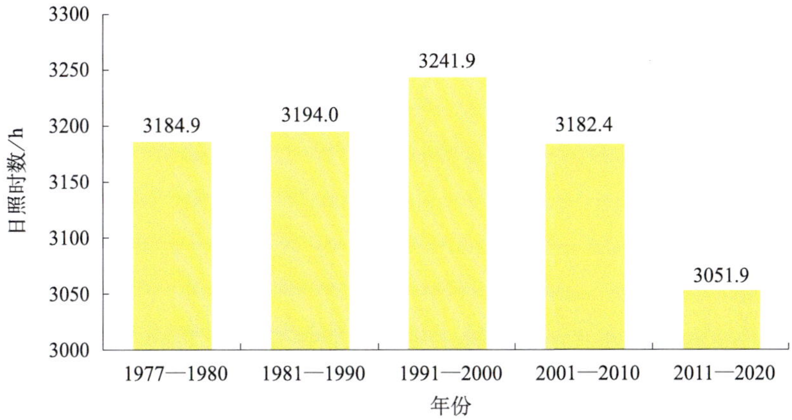

图 2-54　1977—2020 年阿里地区改则站年代际日照时数变化

2.2.4　相对湿度

（1）年相对湿度

由图 2-55 可知，阿里地区狮泉河站 1977—2021 年相对湿度呈明显下降趋势，近 45 a 平均相对湿度以 1.81%/10a 的速度下降。相对湿度最高值为 1979 年的 40%；最低值为 2016 年的 25%；年平均相对湿度为 24.3%。

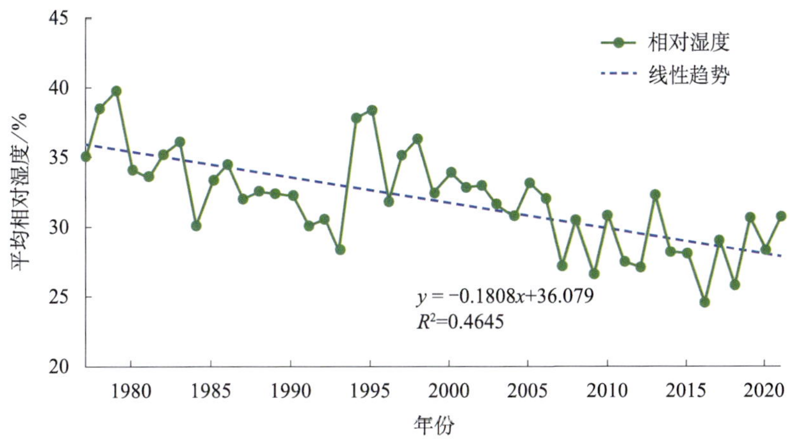

图 2-55　1977—2021 年阿里地区狮泉河站年相对湿度时间变化

由图 2-56 可知，阿里地区改则站 1977—2021 年相对湿度呈略减少趋势，近 45 a 平均相对湿度以 0.64%/10a 的速度下降。相对湿度最高值为 1997 年的

42.1%；最低值为 1984 年的 27.9%；年平均相对湿度为 33.4%。

由 2-57 可知，阿里地区普兰站 1977—2021 年相对湿度呈略减少趋势，近 45 a 平均相对湿度以 1.25%/10a 的速度下降。相对湿度最高值为 1995 年的 52.5%；最低值为 2016 年的 38.2%；年平均相对湿度为 46.5%。

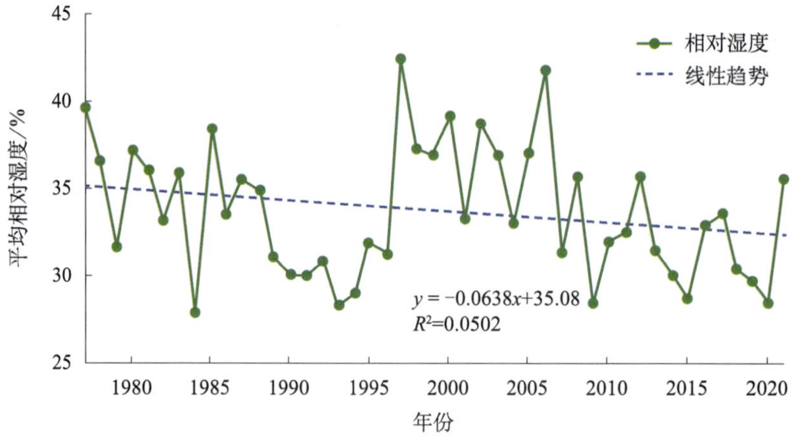

图 2-56　1977—2021 年阿里地区改则站年相对湿度时间变化

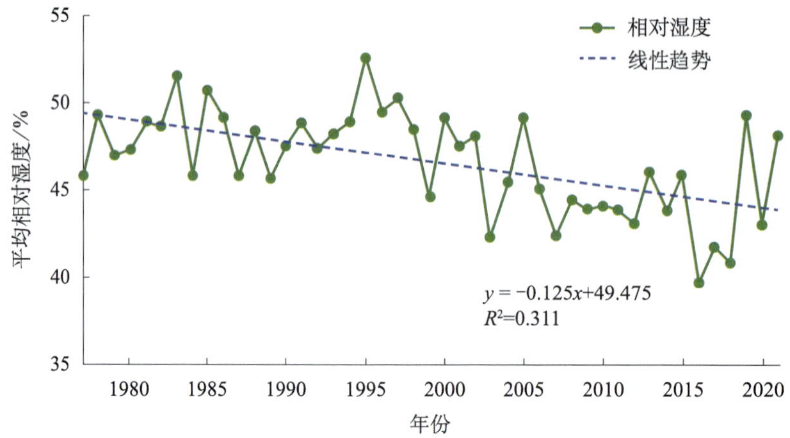

图 2-57　1977—2021 年阿里地区普兰站年相对湿度时间变化

（2）月相对湿度

由图 2-58 可知，阿里地区狮泉河站 1977—2021 年月相对湿度在 24.6%～41.58%，近 45 a 狮泉河站 1 月、2 月、6 月、7 月、8 月、9 月、12 月的月相对湿度均达到 30% 以上，其余月份均为 30% 以下，最高值出现在 8 月，为

41.58%，最低值出现在 11 月，为 24.6%。

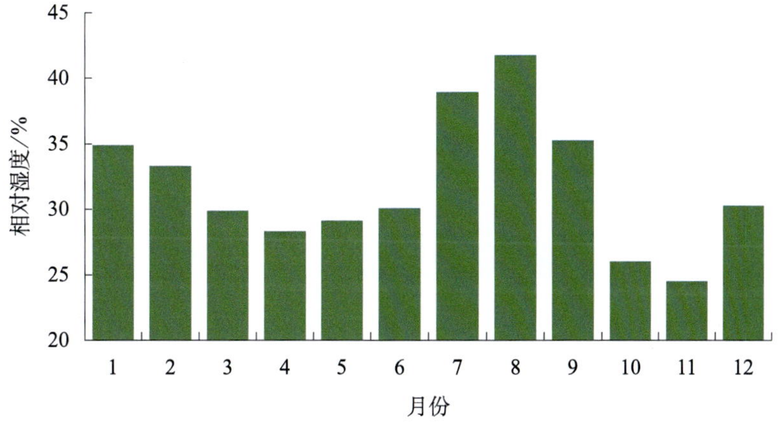

图 2-58　1977—2021 年阿里地区狮泉河站月相对湿度变化

由图 2-59 可知，阿里地区改则站 1977—2021 年月相对湿度在 23.42%～54.64%，近 45 a 改则站 5—10 月的月相对湿度均达到 30% 以上，其余月份均为 30% 以下，最高值出现在 8 月，为 54.64%，最低值出现在 3 月，为 23.42%。

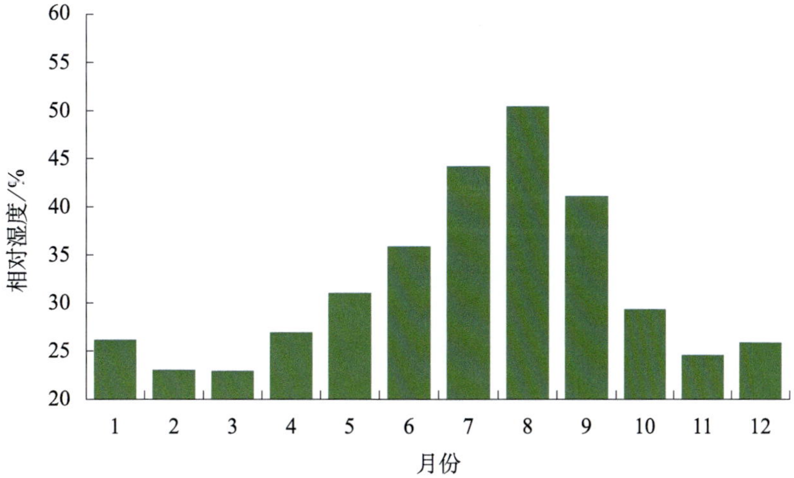

图 2-59　1977—2021 年阿里地区改则站月相对湿度变化

由图 2-60 可知，阿里地区普兰站 1977—2021 年月相对湿度在 33.28%～59.73%，近 45 a 普兰站 2—4 月和 6—10 月的月相对湿度均达到 45% 以上，其余月份均为 45% 以下，最高值出现在 8 月，为 59.73%，最低值出现在 12 月，为 33.28%。

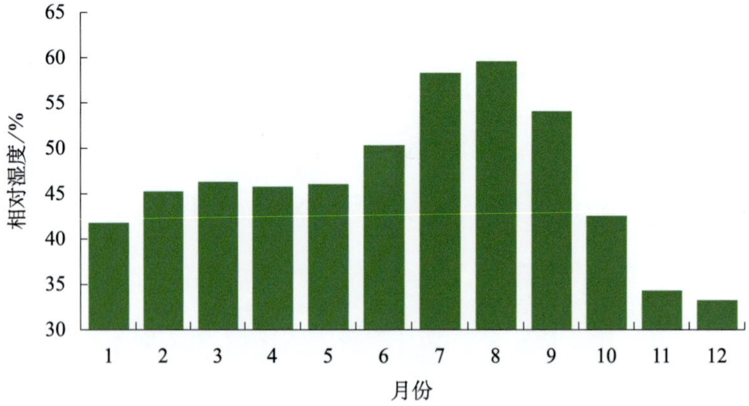

图 2-60　1977—2021 年阿里地区普兰站月相对湿度变化

（3）季相对湿度

由图 2-61 可知，从三站季相对湿度来看，春季相对湿度为 28.0%～46.1%，其中普兰站最大，为 46.1%；夏季相对湿度为 36.9%～56.2%，其中普兰站最大，为 56.2%；秋季相对湿度为 28.7%～43.6%，其中普兰站最大，为 43.6%；冬季相对湿度为 32.8%～40.1%，其中普兰站最大，为 40.1%；春季和冬季狮泉河站相对湿度比改则站高，秋、夏季改则站相对湿度明显比狮泉河高，普兰站各季相对湿度比其他两站明显偏高。

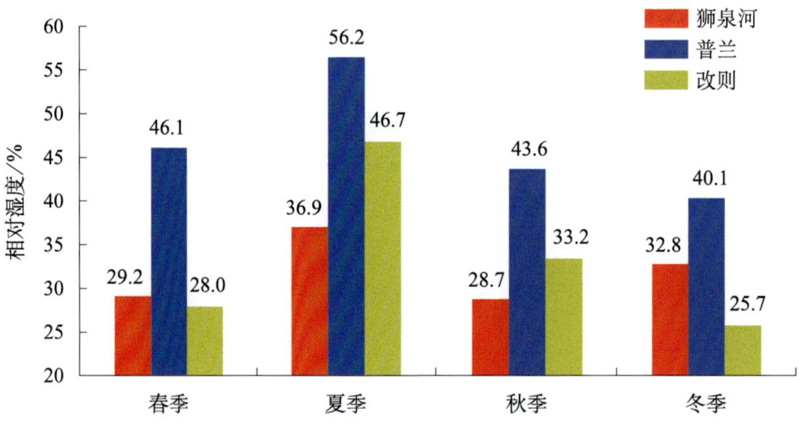

图 2-61　1977—2021 年阿里地区三站季相对湿度变化

（4）年代际相对湿度

由图 2-62 可知，从阿里地区狮泉河站不同年代的相对湿度来看，在 10 a 的年际尺度上，近 45 a 年代际相对湿度呈逐年代下降趋势，20 世纪 70 年代相对湿度值最大为 36.88%，21 世纪 10 年代相对湿度值最小为 28.23%。

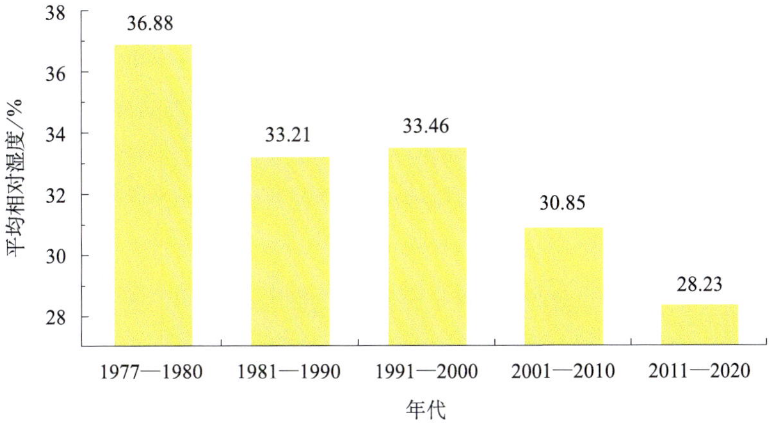

图 2-62　1977—2020 年阿里地区狮泉河站年代际相对湿度变化

由图 2-63 可知，从阿里地区改则站不同年代的相对湿度来看，在 10 a 的年际尺度上，近 45 a 年代际相对湿度呈逐年代下降趋势，20 世纪 70 年代相对湿度值最大为 36.04%，21 世纪 10 年代相对湿度值最小为 30.78%。

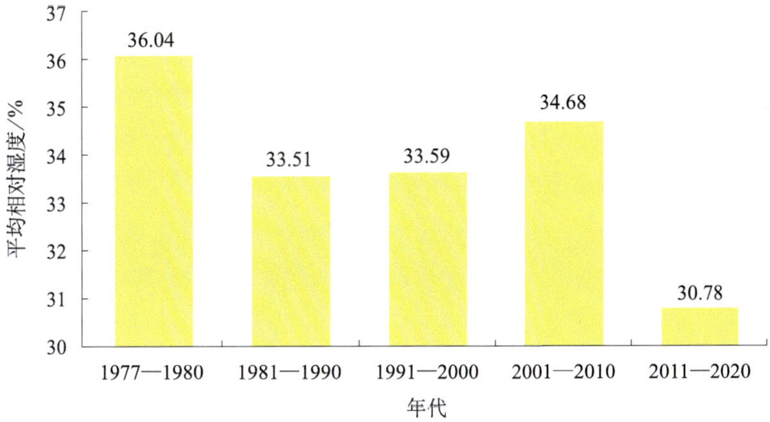

图 2-63　1977—2020 年阿里地区改则站年代际相对湿度变化

由图 2-64 可知，从阿里地区普兰站不同年代相对湿度来看，在 10 a 的年际尺度上，近 45 a 年代际相对湿度呈逐年代先上升再下降趋势，相对湿度值最大为20世纪90年代的48.79%，相对湿度最小值为21世纪10年代的43.39%。

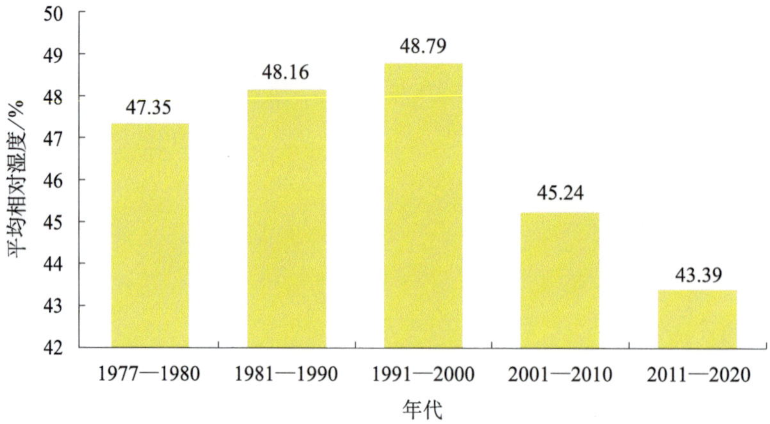

图 2-64　1977—2020 年阿里地区普兰站年代际相对湿度变化

2.2.5　蒸发

（1）年蒸发量

由图2-65可知，阿里地区狮泉河站1977—2021年蒸发量呈明显下降趋势，近45 a平均蒸发量以138.22 mm/10a的速度下降。年蒸发量最高值为1996年的2880.3 mm；最低值为2016年的1789.3 mm。

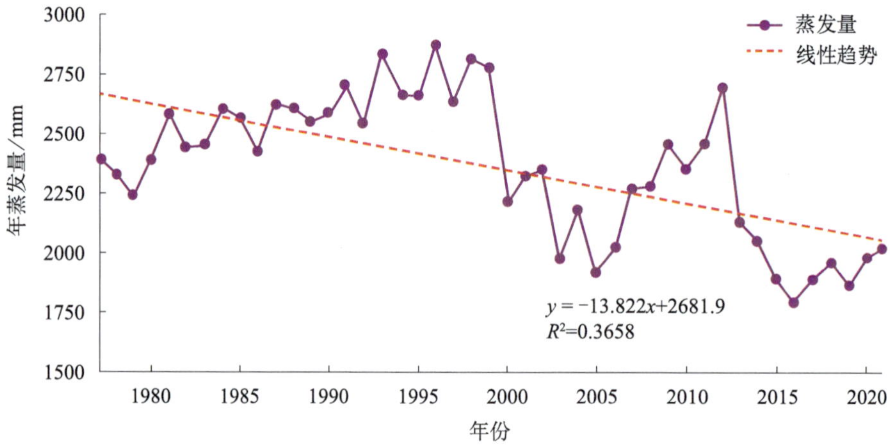

图 2-65　1977—2021 年阿里地区狮泉河站年蒸发量时间变化

由图 2-66 可知，阿里地区改则站 1977—2021 年蒸发量呈明显下降趋势，近 45 a 平均蒸发量以 107.24 mm/10a 的速度下降。年蒸发量最高值为 1984 年的 2543.01 mm；最低值为 2016 年的 1461.90 mm。

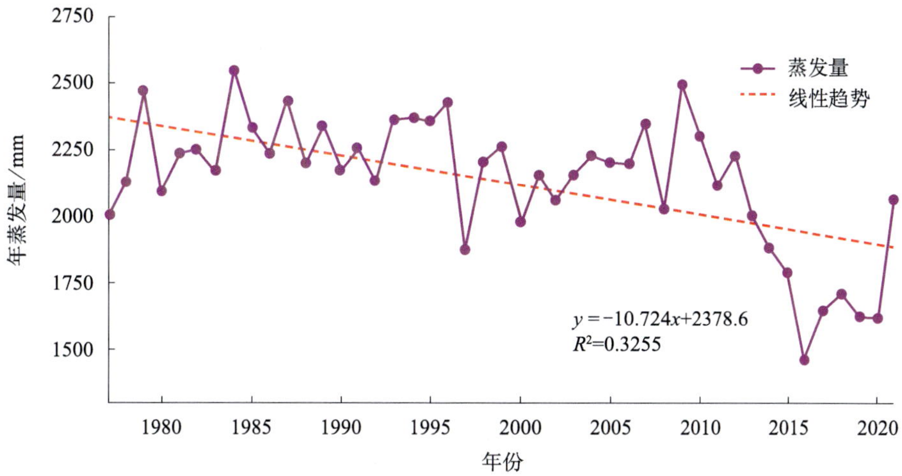

图 2-66　1977—2021 年阿里地区改则站年蒸发量时间变化

由图 2-67 可知，阿里地区普兰站 1977—2021 年蒸发量呈略下降趋势，近 45 a 平均蒸发量以 20.18 mm/10a 的速度下降。年蒸发量最高值为 2007 年的 2620.40 mm；最低值为 2016 年的 1686.40 mm。

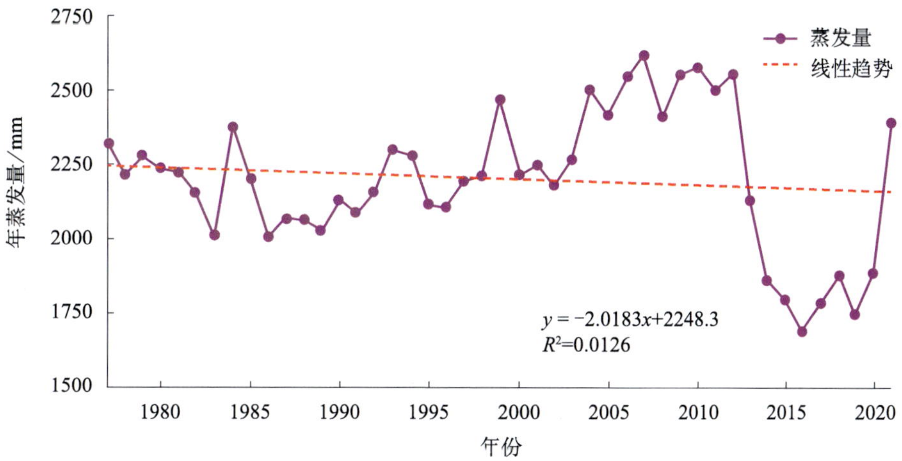

图 2-67　1977—2021 年阿里地区普兰站年蒸发量时间变化

（2）月蒸发量

由图2-68可知，阿里地区狮泉河站1977—2021年月平均蒸发量在64.57～337.03 mm，近45 a狮泉河站6月、7月、8月的月平均蒸发量在300 mm以上，其余月份均未达到300 mm，最高值出现在7月，为337.03 mm，最低值出现在1月，为64.57 mm。

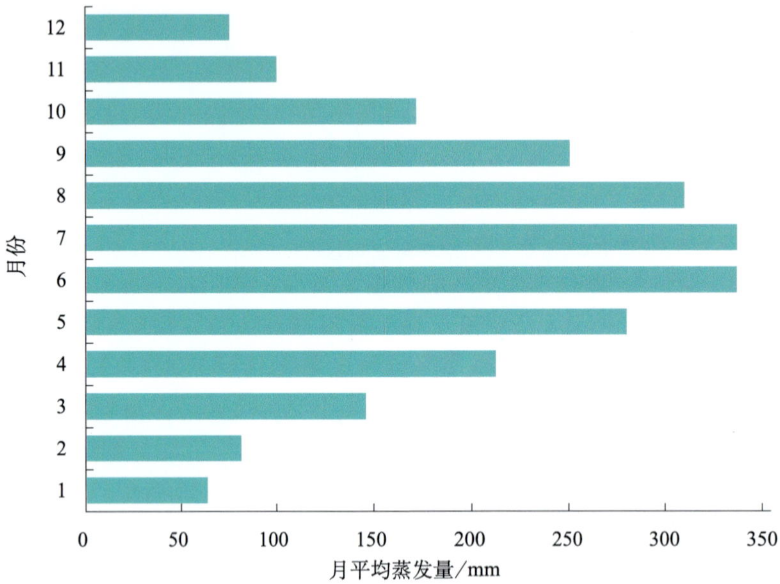

图2-68　1977—2021年阿里地区狮泉河站月蒸发量变化

由图2-69可知，阿里地区改则站1977—2021年月平均蒸发量在79.46～298.96 mm，近45 a改则站6月、7月、8月的月平均蒸发量在250 mm以上，其余月份均未达到250 mm，最高值出现在6月，为298.96 mm，最低值出现在1月，为79.46 mm。

由图2-70可知，阿里地区普兰站1977—2021年月平均蒸发量在76.75～296.32 mm，近45 a普兰站5—8月的月平均蒸发量在250 mm以上，其余月份均未达到250 mm，最高值出现在6月，为296.32 mm，最低值出现在1月，为76.75 mm。

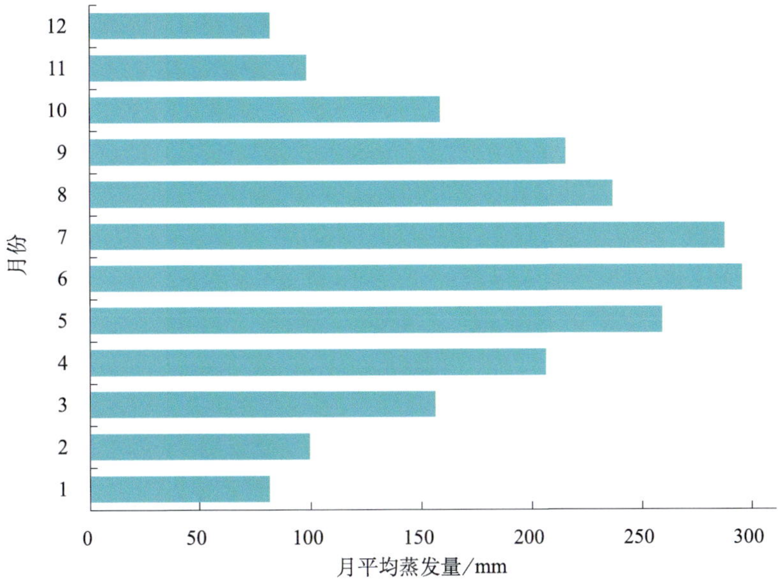

图 2-69　1977—2021 年阿里地区改则站月蒸发量变化

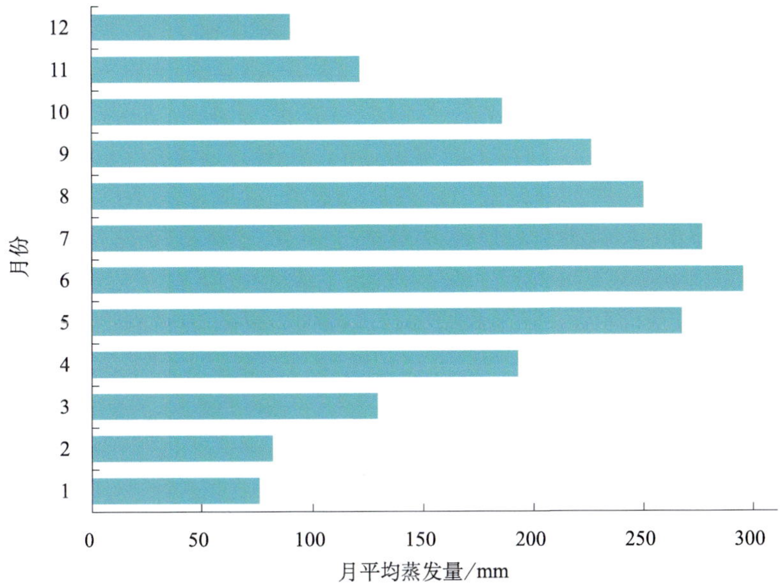

图 2-70　1977—2021 年阿里地区普兰站月蒸发量变化

（3）季蒸发量

由图 2-71 可知，从三站的季蒸发量来看，春季蒸发量为 590.9～637.2 mm，夏季蒸发量为 803.4～983.3 mm，秋季蒸发量为 462.8～535.7 mm，冬季蒸发量为 221.8～258.0 mm，其中狮泉河站季蒸发量最小，为 221.8 mm；春、夏季各站蒸发量达 590 mm 以上，其中狮泉河站蒸发量较大。

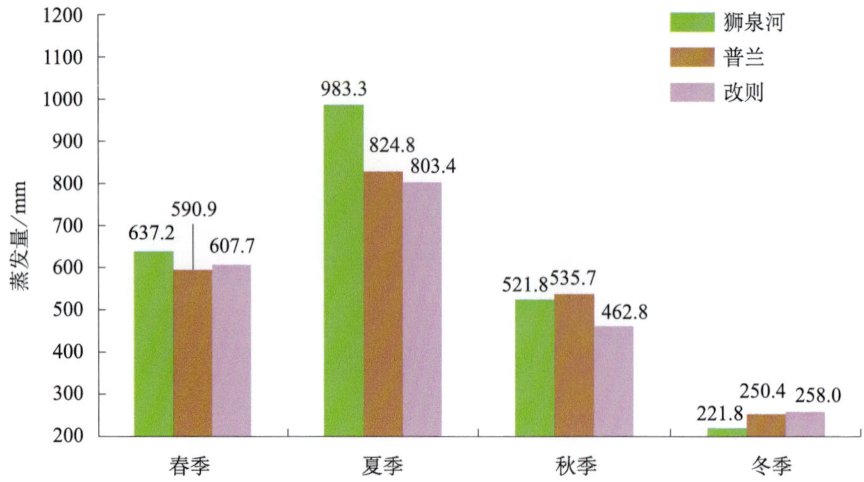

图 2-71　1977—2021 年阿里地区三站季蒸发量变化

（4）年代际蒸发量

由图 2-72 可知，从阿里地区狮泉河站不同年代的蒸发量来看，在 10 a 的年际尺度上，近 45 a 年蒸发量呈逐年代先上升再下降的趋势，20 世纪 90 年代蒸发量最大，为 2675.1 mm，21 世纪 10 年代蒸发量最小，为 2066.9 mm。

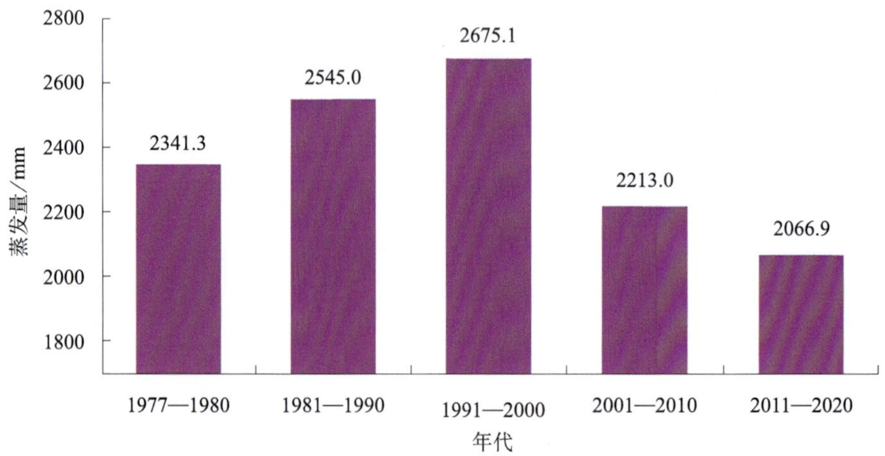

图 2-72　1977—2020 年阿里地区狮泉河站年代际蒸发量变化

由图 2-73 可知，从阿里地区改则站不同年代蒸发量来看，在 10 a 的年际尺度上，近 45 a 年蒸发量呈逐年代先上升再下降的趋势，20 世纪 80 年代蒸发量最大，为 2282.4.1 mm，21 世纪 10 年代蒸发量最小，为 1805.4 mm。

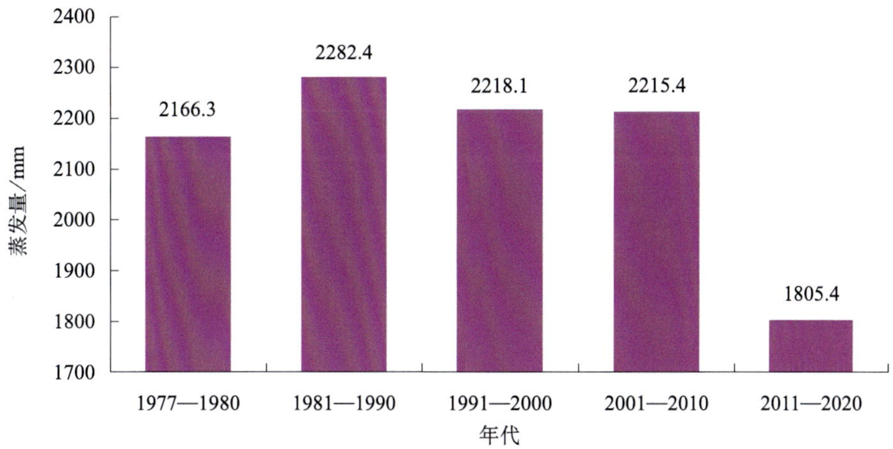

图 2-73　1977—2020 年阿里地区改则站年代际蒸发量变化

由图 2-74 可知，从阿里地区普兰站不同年代蒸发量来看，在 10 a 的年际尺度上，近 45 a 年蒸发量呈逐年代先上升再下降的趋势，21 世纪 00 年代蒸发量最大，为 2434.7 mm，21 世纪 10 年代蒸发量最小，为 1984.0 mm。

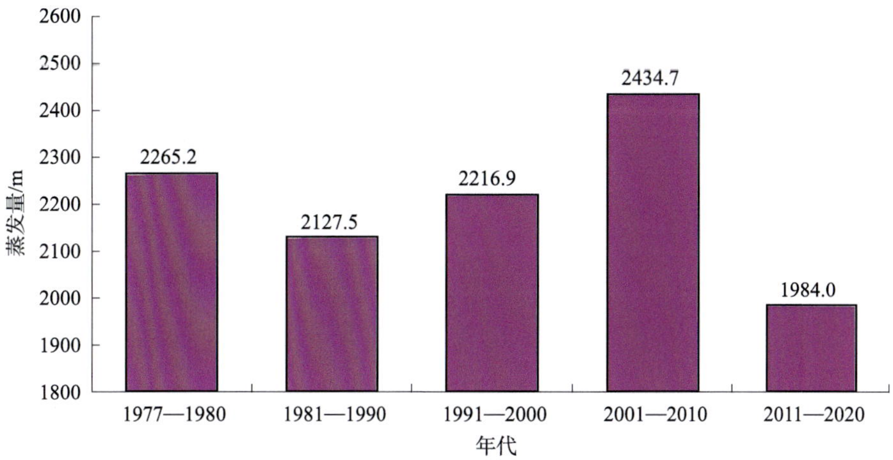

图 2-74　1977—2020 年阿里地区普兰站年代际蒸发量变化

第3章 气象灾害风险普查

3.1 雪灾

雪灾是阿里地区最主要的气象灾害之一。每年11月至次年3月一般是降雪集中时期，尤其是每年1月后的降雪，雪后无风，积雪覆盖时间长，往往造成重大灾害。从地理分布看，阿里地区南部最严重，其他地区次之。

根据阿里地区雪灾危险性等级结果显示，阿里地区雪灾高和较高危险性等级集中在札达县、普兰县，并零星分布在日土县北部、噶尔县、改则县北部区域；较低危险性等级分布与高和较高分布趋势一致，区域面积增大；其他地区为低危险性等级。

以下是历年来受灾较严重的雪灾实例。

（1）1979年3月，阿里地区遭受严重雪灾，仅噶尔县、日土县的五个公社，受灾群众就达120户共1000余人，造成牲畜死亡3.5万头（只、匹），近1000人断粮、缺燃料。尤其是措勤区赤马、雄马两个公社连续下了4天大雪，雪深30多厘米，冰雪覆盖粘连成块。雄马公社一、二队因遭受风雪袭击，群众被迫转移，其中，达雄区才扎乡二村桑巴顿珠家冻死成畜84头（只、匹）。据统计，全县因灾死亡大畜18342头（只、匹），死亡率为77%；幼畜死亡35959只，死亡率占实产数的33%；流产9324只，流产率达5%。牧民为营救畜群冻伤 178 人。

（2）1997 年冬至 1998 年 4 月，噶尔县连降大雪，冻死牲畜 1 万余头（只、匹），成畜死亡率达 15%，冻伤 40 人，1600 余人患病，直接经济损失达 3000 余万元。

（3）2001 年 5 月 28 日，改则县部分乡村突降中到大雪，特别是北部的察布乡、古姆乡、麻米乡受灾较重，积雪深度 7.8～30 cm，死亡牲畜 4700 头（只、匹），直接经济损失 117.5 万元。其中察布乡死亡牲畜 2046 头（只、匹），直接经济损失 51. 15 万元。灾情发生后，阿里地委、行署与地区畜牧局、兽医站等单位组成工作组赶赴受灾现场调查灾情，并及时下拨 20 万元抗灾资金，积极进行抗灾救灾工作，同时认真做好调运饲料和春播的准备工作，把灾害损失降到最低限度。

（4）2002 年 1—3 月，阿里地区连续普降小到大雪，中部和东部地区持续出现低温和大风天气，1 月中下旬，阿里地区的东部、西南部连续出现 3 次中雪天气，持续时间长达 5 天，局部地区出现大雪。改则、札达、普兰、措勤 4 县乡村的平均积雪深度在 5～10 厘米，改则站降水量比历年同期偏多 33%，1 月 22 日至 2 月初，改则 -40℃的天气持续时间长达 11 天，极端最低气温达 -44℃。2 月上中旬，阿里全地区范围内又连续 2 次普降小到中雪，西南部的普兰、札达连降大雪，持续时间长达 7 天，各县、乡镇平均积雪深度达 15～20 厘米，普兰、札达 2 县及噶尔县的门士乡、革吉亚热乡都仓村平均积雪深度达 45～60 厘米，普兰、札达 2 县通往外界的公路完全中断。2 月下旬至 3 月初，阿里地区范围内又连续 4 次普降小到大雪，2 月 23—25 日、2 月 28 日至 3 月 2 日，西南部的普兰和札达县、中部的噶尔县及西北部的日土县，2 次降中到大雪，连续降雪 3 天 3 夜，普兰、札达县平均积雪深度 60～80 厘米，噶尔、日土县平均积雪深度 45～60 厘米，尤其是噶尔县的门士乡，札达县的萨让乡、曲松乡、底雅乡、达巴乡，日土县的东汝乡阿汝村，革吉县的亚热乡却藏村，积雪深度达 120 厘米，个别村达 150 厘米，普兰、札达县的积雪覆盖率为97%，日土县为84%，噶尔县为85%。普兰、札达县通往外界的公路打通后又被雪阻断。此次降雪过程使阿里地区7个县的36个乡镇209个村不同程度受灾，其中普兰、札达、噶尔、日土、革吉、改则6县有22个乡镇56个村均受灾较重，受灾人口达4889户22389人，分别占阿里地区农牧民总户数、总人口的35.12%和34.55%。全地区因雪灾死亡牲畜10. 2万头（只、匹），成畜死亡率为3.5%，幼畜死亡34.5万头（只），幼畜死亡率为53%，母畜流产103677头（只、匹），流产率为8.65%。7县中普兰县成畜死亡率为4.76%，幼畜死亡率43.28%，母畜流产率为6.85%，该县巴嘎乡曲喜和部巴2个作业组的绵羊幼畜死亡率高达50%，山羊幼畜死亡率达70%，个别牧户的幼畜死亡率达80%～90%；札达县成畜死亡率为3%，幼畜死亡率为46%，母畜流产率为5.92%，该县萨让乡和曲松乡的成畜死亡率达6%以上，幼畜死亡率高达60%以上；日土县幼畜死亡率为41%，母畜流产率为6.5%，该县东汝乡古美、兰顿一带仅3月2日这一天成畜就死亡150头（只、匹）；噶尔县门士乡成畜死亡率为6.7%，幼畜死亡率达47. 6%，母畜流产率为15%；革吉县亚热乡却藏村成畜死亡率为3.5%以上，幼畜死亡率高达75%以上；措勤县江让乡诺仓村成畜死亡率为5.9%，其中周岁羊占70%左右，幼畜成活率极低；3月1—3日，改则县察布村、乡木布村和先遣乡玛果村、巴热村、热雄村死亡牲畜1000余头（只、匹），5497头（只、匹）母畜流产。雪灾造成1300名群众患雪盲症，7个县普遍发生流感，患病人数近1万人。牲畜也大范围出现口腔炎、肺炎、羔羊痢疾和羊肠血毒症等疫情。此次雪灾造成直接经济损失2500万元。

（5）2005年1—4月，革吉县遭受较重的风灾、雪灾、寒灾等自然灾害，特别是入冬后部分地区遭受中度雪灾，造成母畜流产，大量牲畜冻死、饿死，尤其是二羔羊大量死亡。全县牲畜死亡272565头（只、匹），其中幼畜死亡14.911万头（只、匹），成畜死亡123455（只、匹），成畜死亡率在17.18%左右，幼畜成活率只有34.8%，山羊流产率超过60%。全县缺粮人口达393户

1709 人，部分群众患上雪盲症、流感等疾病，另有部分群众手脚轻度冻伤。

（6）2007 年，革吉县境内遭受罕见的雪灾，受灾面积达 45%，全县死亡牲畜 32099 只，611 户 2445 人受灾，直接经济损失达 151.38 万元。

（7）2010 年 9 月，阿里地区札达县曲松乡楚鲁松杰村连续强降雨、降雪，致使该村遭受严重的暴雨雪灾害，农田受灾面积 441 亩，导致粮食减产 51257 斤[①]，倒塌住房 31 间 5019 平方米，倒塌牲畜棚圈 7 间，倒塌草棚 5 间，41200 余斤饲草腐烂。10 月 4 日开始，阿里地区 7 县均出现不同程度的强雨（雪）天气，普兰、革吉、日土三县受灾尤为严重。其中，普兰县 10 月 4—10 日共有 1000 多户 5000 多人受灾，经济损失逾 515.5 万元。

（8）2011 年初至开春时节，阿里地区日土县热帮乡、东汝乡，改则县大部、革吉县大部，措勤县曲洛、札达县部分乡镇先后遭受不同程度的雪灾，特别是 2 月中旬，因连日降雪，积雪平均厚度达 60 厘米，最深的地方厚度达 2 米，造成巴尔兵站至札达县油路阻断，灾情发生后，地区交通运输局迅速组织人员、机械保通。据统计，全地区雪灾受灾人口 4495 人，死亡牲畜 32892 头（只、匹），直接经济损失 380 万元。3 月 11 日，因降雪和司机操作不当，阿里藏羚羊公司一客运车辆在行驶到国道 219 线叶城至麻扎段时，发生道路重大交通事故，造成 16 人死亡、11 人重伤、13 人轻伤。后称“3.11”重特大交通安全事故。

（9）2016 年 7 月 17 日，阿里地区日土县东汝乡阿汝村蓝盾作业组发生冰（雪）崩，造成 9 人失踪，6 户牧民的 6 顶帐篷、部分交通工具和牲畜被埋。

3.2　降水（洪涝）灾害

根据阿里地区暴雨灾害危险性评估结果显示，阿里地区暴雨灾害高和较

① 1 斤 =500 g。

高危险性等级主要分布在措勤县、普兰县东北部、孔雀河流域、改则县北部及札达县城附近；较低危险性等级分布在改则县东部、革吉县东南部；低危险性等级分布在改则县西部、日土县、革吉县、噶尔县和普兰县其他地方。

以下是历年来受灾较严重的降水（洪涝）灾害实例。

（1）1991 年 8 月中旬，措勤县连降大雨，造成经济损失约 90 万元。1991 年 8 月 15 日起，阿里地区连续 6 天降冰雹和大雨，狮泉河昆沙区索麦乡于 8 月遭受历史上最为严重的洪水袭击。11 条农用水渠被冲垮，11 间民房进水，出现裂缝、倒塌，6 户牧业点被淹。冲走土地 7.7 公顷，国家投资刚修筑的拦洪坝被冲毁。普兰县于 8 月 15—19 日连降冰雹、大雨，仅西德、吉让 2 乡冲垮主干水渠 2006 米、公路 200 米、农田 0.1 公顷。札达县被冲垮公路 30 千米、电线杆 4 根，致使该县一度通信、交通中断。措勤县于 8 月中旬被洪水冲垮公路、桥梁，损失约 50 万元，倒塌房屋 84 间。阿里地区仅在 8 月就遭受冲毁农田水渠达 20300 米，冲毁公路 600 余米，冲毁河堤 2000 多米，冲毁桥梁 2 座，倒塌民房 2 间，损坏民房 44 间。

（2）1994 年 8 月，噶尔县遭受冰雹、洪涝灾害，洪水淹没农田 89 亩，冲垮水渠 943 米，冰雹袭击农田 32 亩，损失粮食 0.58 万千克；冻死、淹死、走失、雷击致死牲畜 3267 头（只、匹），淹没草场 16 亩；冲垮羊圈 64 个；冲毁林地 2 亩 1459 株、桥梁 2 座；冲断公路 25 千米；倒塌民房 43 间，冲走帐篷 1 顶。

（3）1994 年 8 月，阿里地区 7 个县均不同程度地遭受冰雹、洪涝灾害，以噶尔县、日土县、普兰县、札达县为重。具体情况为：洪水淹没农田 356 亩，冲垮水渠 6952 米，冰雹袭击农田 124 亩，损失粮食 2.17 万千克；冻死、淹死、走失、雷击致死牲畜 22211 头（只、匹），淹没草场 76 亩；冲垮羊圈 310 个；冲毁林地 13 亩 6360 株，其中果树 6.7 亩 236 株；冲毁桥梁 10 座；冲断公路 129 千米；倒塌民房 263 间，冲毁水磨房 3 间，冲走帐篷 1 顶；因雷击死、伤各 1 人。

（4）1999 年 7 月下旬至 8 月中旬，阿里地区 7 个县普降中到大雨，山洪、泥石流暴发，造成大量农田水利设施被毁坏。许多农田、草场被冲毁、掩埋，房屋与棚圈倒塌，农作物倒伏，交通中断，牲畜死亡，甚至被洪水、泥石流夺去生命。农田受灾面积 466.9 公顷，其中洪水、泥石流冲毁农田 133.4 公顷，淹没农田 52.2 公顷，青稞绝收 16.5 公顷，农作物倒伏面积达 333.5 公顷，淹没草场 307.8 公顷（包括部分人工种草面积），棚圈倒塌 3764 座，冲垮羔羊暖洞 3000 多个，4260 多头（只）牛、羊死亡。冲毁水坝 3 条长 2240 米、水渠 56000 米、渠道引水口 7 处、蓄水池 11 座，直接影响 296. 8 公顷农田与 14.2 公顷人工种草实验田的灌溉，冲垮防洪堤坝 2 座 300 多米，河坝、河堤决口 900 多米，托林水库决口 20 多米。日土县德汝电站水库堤坝一再出现险情并被冲毁全部副坝，该电站 800 多米水渠坍塌，倒塌房屋 2143 间（套），造成危房 336 间，出现裂缝漏雨 2140 间，219 国道多处被冲毁。受灾后，日土县投放 10 万元对德汝电站急需修复的部分进行抢修。狮泉河有 2.4 万千克粮食霉烂变质，洪水冲走 4 人，冲走大小车辆 9 辆，洪灾造成 54 处交通中断，2 座桥梁被冲毁，公路被冲坏 322 千米，许多地段发生塌方或路基被冲毁，有的是被泥石流掩埋，30 多千米国道被冲坏，拉狮公路有 77 千米被毁坏。札达通往狮泉河的公路桑达沟段被泥石流淤满 2 千米多，新藏公路多处被毁，特别是阿卡孜至麻扎路段毁坏较为严重。受灾后，新藏公路抢修后才能通车。阿里地区交通本就闭塞，公路被毁坏，交通中断，给人民群众的生产生活以及经济贸易等带来诸多的困难。特别是新藏公路被冲坏，切断了阿里的交通运输大动脉，全地区人民生活的必需用品诸如粮、油、燃汽、生活日用品、副食品等面临脱销，建筑材料无法运抵阿里，菜类供应紧缺，价格暴涨。许多建筑工地停工待料，生产、生活及建设难以有序进行，造成直接经济损失近 1 亿元。

（5）2000 年 7 月 21—23 日，日土县连续三天降雨，新藏公路日松区日松桥及附近的路段被洪水和泥石流冲毁，狮泉河通往新疆的交通中断，严重影响了进藏物资的正常运输。被冲毁农田 16 公顷，冲倒房屋 40 余间，河堤坍塌

160 米，冲毁农田灌溉水渠 1570 米，电站引水渠 850 米，导致小电站大坝裂缝渗水，直接经济损失 100 多万元。

（6）2000 年 7 月 28 日，狮泉河镇加木乡境内河水高涨，水漫路面，河堤多处崩溃，淹没施工场地，冲毁围墙、房屋，严重影响了狮泉河治沙工程的正常开工，造成经济损失 800 多万元。

（7）2002 年 7 月 28 日至 8 月 6 日，革吉县连降大雨，损坏房屋 712 户 932 间。受灾较重的为革吉镇狮麦二村，共冻死羊 323 只，其中山羊 102 只、绵羊 162 只、羔羊 59 只。8 月 5—9 日，日土县境内连续发生强降水天气，造成县城内围墙倒塌 1355 米，房屋倒塌 8 间 106 平方米，造成漏雨 106 间 2250 平方米，粮食损失 2250 千克，道路被冲毁 3000 米，冲毁水渠 5000 米，损坏计算机 2 台及电力设备 8 个（台），直接经济损失 360 余万元。

（8）2010 年 7 月底，阿里地区大部出现持续强降雨天气，强降雨灾害导致 36 个乡（镇）5352 户 23611 人受灾，交通、水利设施、农牧业生产及农牧业财产损失严重，此次强降雨据估算造成损失 1.23 亿元。

（9）2010 年 9 月，阿里地区札达县曲松乡楚鲁松杰村连续强降雨、降雪，致使该村遭受严重的暴雨雪灾害，农田受灾面积 441 亩，导致粮食减产 51257 斤，倒塌住房 31 间 5019 平方米，倒塌牲畜棚圈 7 间，倒塌草棚 5 间，41200 余斤饲草腐烂。10 月 4 日开始，阿里地区七县均出现不同程度的强雨（雪）天气，其中，普兰、革吉、日土三县受灾尤为严重。普兰县 10 月 4—10 日，共有 1000 多户 5000 多人受灾，经济损失逾 515.5 万元。

（10）2014 年 8 月，阿里地区日土县由强降雨引发泥石流次生灾害，导致 104 户 500 余人受灾；受损房屋 86 间，损毁羊圈 4 个；淹没农田 0.17 公顷；三所学校 1740 平方米建筑物漏雨、112 余米围墙开裂，冲毁 0.99 千米主干渠、多处国道及乡村公路；扎普电站 5 根电线杆倒塌；德汝电站副坝出现裂痕。经济损失约 440 多万元。

3.3　干旱灾害

根据阿里地区干旱灾害危险性评估结果显示，干旱高危险性等级主要集中在改则县中西部、噶尔县西北部、日土县南部、革吉县东北部和普兰县大部，较高危险性等级主要集中在改则县中部、札达县中部、措勤县中部和革吉县部分区域，其他区域为较低和低危险性等级。

以下是历年来受灾较严重的干旱灾害实例。

（1）1993 年 7—9 月，阿里地区降水偏少，农牧业生产和群众生活受到较大影响，牧区受灾面达 95% 以上，其中受灾最严重的有改则县 3 个区 16 个乡、革吉县 3 个区 12 个乡、措勤县 2 个区 10 个乡、噶尔县 3 个区 8 个乡、普兰县 2 个区 4 个乡、札达县 3 个区 8 个乡、日土县 3 个区 9 个乡，共 19 个区 67 个乡，受灾人口 3.8 万人，占整个阿里地区总人口的 67%。

（2）1999 年 5—6 月，阿里地区由于降水偏少而形成旱灾，使得牧草长势差，草地生产能力下降，草畜矛盾突出，致使牲畜膘情下降，抵抗力降低，牲畜肺炎、口膜炎、口腔炎、羔羊痢疾等疾病发生，母畜流产数量增加，幼畜成活率低，幼畜仅成活 57.51 万头（只、匹），成活率为 58.9%，成畜死亡 13.96 万头（只、匹），死亡率 6.1%。

（3）1999 年，全地区发生严重旱灾、风灾和人畜疫情等灾害，受灾人口达 8731 人，农作物受灾 8017.42 亩，其中成灾面积 4403.4 亩，因灾死亡牲畜 154147 头（只、匹）。

（4）2004 年上半年，革吉县全县旱灾受灾草场面积 23640 亩，造成饮水困难的牲畜达 168000 头（只、匹），成畜死亡 6953 头（只、匹）；受灾户数 948 户，受灾人数 6446 人，直接经济损失达 152 万元。

（5）2009 年阿里地区大部分县降水量偏少，气温持续偏高，主要河流水流量锐减，日土、札达、噶尔、普兰等地农作物出现了严重的旱情，各县、乡镇普遍遭受不同程度的旱灾，小型河流、小型湖泊、水井干涸现象突出，造成部分农田、草场干裂或烧伤，严重影响了本年阿里地区的粮食产量以及牲畜长膘、幼（弱）畜的成活率，给农牧业生产造成了很大的损失。据不完全统计，全地区农田受灾面积 17339.23 亩，受灾 650 户 6571 人，直接经济损失达 356.52 万元。牧区草场严重干旱，旱灾覆盖面广，涉及阿里地区全部的可利用草场，严重影响了牧草的生长，使得近 60% 的草场春季长出的青草干枯，50% 的牲畜处于饥饿状态。因缺少饲草饲料和饮水，全地区共有 3214.27 万亩可利用草场受灾，人工草场受灾面积 1.5 万亩，71672 头（只、匹）牲畜死亡，180230 头（只、匹）牲畜成为弱畜，畜产品产量下降，直接经济损失达 885.42 万元。

（6）2009 年上半年，革吉县境内雨雪较少，旱灾较为严重。全县 90% 的水井水位下降，其中有 18 眼水井干涸。欧果水电站水库水位也大幅下降，水库未从溢流坝翻水，致使狮泉河流量比往年减小。严重的干旱导致草场青草返青率不高，长势较差。全县受灾草场面积 5638.49 万亩，受灾牲畜 642434 头（只、匹），造成牧民 10394 人饮水困难，1000 亩人工草场干旱。由于缺少足够的草料供应，牲畜膘情普遍下降，弱畜比例增大，导致羊绒和羊毛产量、牛羊产奶量大大减少，影响了牧民生活所需的酥油、酸奶等食物供应。据不完全统计，全县境内上半年有断粮户 230 户 1380 人、缺粮户 457 户 2285 人。平均每只羊的羊毛产量减少 0.075 千克，损失 170 多万元。牛羊平均产奶量普遍下降三成，造成经济损失 200 多万元。

3.4 大风灾害

根据阿里地区大风灾害危险性评估结果显示，阿里地区大风灾害高危险性等级集中在措勤县、革吉县城附近、在改则县东北部及南部零散分布；较高风险等级分布在改则县北部及南部、革吉县城周边、措勤县部分区域，日土县零散分布；较低风险等级分布在改则县大部、日土县东北部、噶尔县东南部和革吉县零散分布；其他区域为低风险等级。大风是阿里地区主要气象灾害之一，年大风日数在 149 天左右。阿里地区大风天气大都出现每年冬春季，尤其是 1—3 月频发。

以下是历年来受灾较严重的大风灾害实例。

（1）1991 年，阿里部分地区连续出现 7～8 级大风，持续时间长达 3 个月之久，部分地区还多次遭受 8～12 级的暴风袭击。例如，暴风袭击致使日土县热帮区部分农牧民家的幼畜死亡率为 100%、成畜死亡率 20%。

（2）1993 年 3—5 月，阿里东三县及日土县发生持续的风灾，风力达 7～8 级，造成 15 万多头（只、匹）牲畜死亡。

（3）2005 年 1—4 月，革吉县遭受较重的风灾、雪灾、寒害等自然灾害，特别是入冬后部分地方遭受中度雪灾，造成母畜流产，大量牲畜冻死、饿死，尤其是二羔羊大量死亡。全县牲畜死亡 272565 头（只、匹），其中幼畜死亡 14.911 万头（只、匹）、成畜死亡 123455（只、匹），成畜死亡率在 17.18% 左右，幼畜成活率只有 34.8%，山羊流产率超过 60%。全县缺粮户达 393 户 1709 人，部分群众患上雪盲症、流感等疾病，另有部分群众手脚轻度冻伤。

3.5　冰雹灾害

根据阿里地区冰雹灾害危险性评估结果显示，阿里地区冰雹灾害高和较高危险性等级主要集中分布在札达县象泉河流域中西段、普兰县县城附近、改则县中部和东北部部分地区、革吉县东北部部分地区；较低危险性等级地区主要分布在高和较高危险性等级地区周围，以及革吉县东北部、普兰县中北部、噶尔县北部周边地区、日土县南部以及北部少量区域；其他为低危险性等级区域。

以下是历年来受灾较严重的冰雹灾害实例。

（1）1994 年 8 月，全地区 7 个县均不同程度遭受冰雹、洪涝灾害，以噶尔县、日土县、普兰县、札达县为重。灾害具体情况：洪水淹没农田 356 亩，冲垮水渠 6952 米，冰雹袭击农田 124 亩，损失粮食 2.17 万千克；冻死、淹死、走失、雷击致死牲畜 22211 头（只、匹），淹没草场 76 亩；冲垮羊圈 310 个；冲毁树林 13 亩共 6360 株，其中果树 6.7 亩 236 株；冲毁桥梁 10 座；冲断公路 129 千米；倒塌民房 263 间，冲毁水磨房 3 间，冲走帐篷 1 顶；因雷击死、伤各 1 人。

（2）1995 年 9 月 14 日，札达县遭受历史上罕见的冰雹袭击，造成农作物严重损失，受灾面积 1200 亩。其中，绝收面积比例达 43.83%。

（3）2001 年 8 月 3 日，措勤县达雄乡夏东村遭受暴风夹着冰雹和雨水，时间长达 3 小时，地面积雹厚约 10 厘米，造成牲畜死亡 684（只、匹），直接经济损失 13.68 万元。

3.6 低温灾害

根据阿里地区低温灾害危险性评估结果显示，阿里地区低温灾害高危险性等级主要在改则县北部、革吉县东南部、日土县北部及南部部分地区、札达县西南部零散分布；较高危险性等级集中在改则县北部、普兰县北部、日土县大部、革吉县大部、噶尔县大部、札达县象泉河流域以外区域；低和较低危险性等级主要分布在普兰县其余地方、札达县象泉河流域、改则南部、措勤县大部区域。

1965 年 8 月 14—15 日，札达县农作物遭受霜冻灾害，受灾面积覆盖全县。

受灾面积在 65% 以上的有萨让区的日巴、波林，底雅区的鲁巴，达巴区的达巴，香孜区的热不加林村等 5 个乡 10 个村共 109 户 381 人。农作物受灾面积 663 亩，有的村颗粒无收，严重影响了群众的生产生活。

3.7　雷电灾害

根据阿里地区雷电灾害危险性评估结果显示，阿里地区雷电灾害高危险性等级主要位于措勤县、革吉县南部、改则县南部和东部零散分布、普兰县东部部分区域，并极少零散分布在噶尔县南部区域；较高危险性等级主要分布在改则县南部及北部部分地方、革吉县大部、噶尔县大部、普兰县中北部、札达县中部；其他大部分为较低危险性等级；没有低危险性等级区域。

以下是历年来受灾较严重的雷电灾害实例。

（1）1999 年 7 月下旬至 8 月中旬，阿里地区噶尔县雷电击死 3 人。

（2）2002 年 7 月 29 日，革吉县亚热乡赛利普一村，1 名放羊小姑娘被雷电击中，当场死亡，同时被雷电击死的还有 8 只羊。灾情发生后，阿里地委、行署及有关部门立即组成慰问工作组赴革吉县，妥善处理该起被雷击致人死亡事宜。

（3）2014 年 7 月 25 日，措勤县江让乡诺仓村色宫地带发生了 1 起风雹灾害，致 1 人雷击死亡，死亡牲畜 177（只、匹），直接经济损失 10.42 万元；9 月 4 日 09:33 左右，措勤县磁石乡刀青村一组遭受风雹灾害，致 1 人雷击死亡、牲畜死亡 92 只，直接经济损失 4.6 万元。

第 4 章　冰川和湖泊遥感监测

4.1　羌塘高原冰川

古里雅冰川位于青藏高原西北边缘的西昆仑山（图 4-1），界于西藏自治区和新疆维吾尔自治区，大部分冰盖位于西藏自治区境内，是目前在中低纬度发现的最高、最大、最厚和最冷的冰帽。该冰帽是一个极地型冰川，不仅冰温、冰川性质与极地冰川相近，而且冰面气候环境特征也同极地冰盖一样，具有明显的空间变化特征，该冰帽总面积达 376.05 km^2，平均厚度约为 200 m（姚檀栋 等，1992）。古里雅冰帽还是迄今在中国发现的最稳定的冰川。

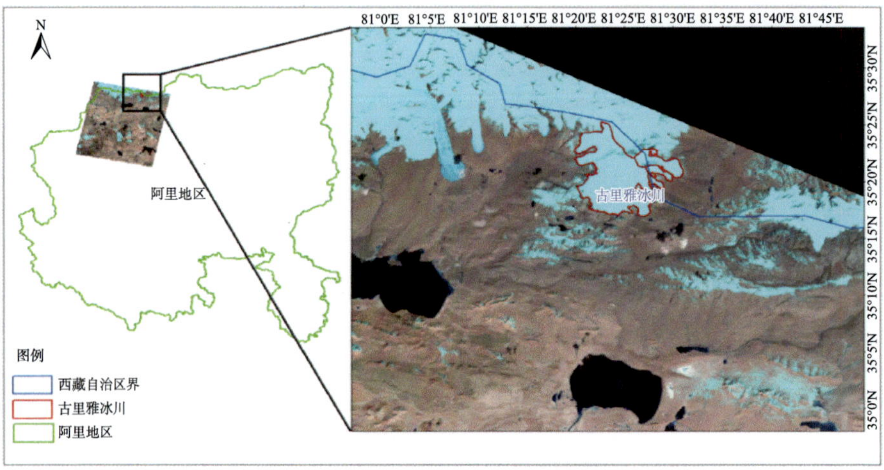

图 4-1　古里雅冰川位置示意图

根据 1993 年、1996 年、1999 年、2000—2012 年 Landsat/TM 和 2013—2020 年高分 1 号遥感数据提取古里雅冰川面积，分析结果表明（图 4-2），近 28 a 古里雅冰川呈减少趋势，平均面积为 137.88 km²，面积变化率为 -0.0078 km²/a。1993—2002 年呈减少趋势，冰川面积减少 1.87 km²，减少率为 1.35%；2003—2020 年呈波动减少趋势，减少率为 0.17%；2020 年冰川面积为 137.69 km²，较 1993 年（138.87 km²）减少 1.18 km²，减少率为 0.85%。

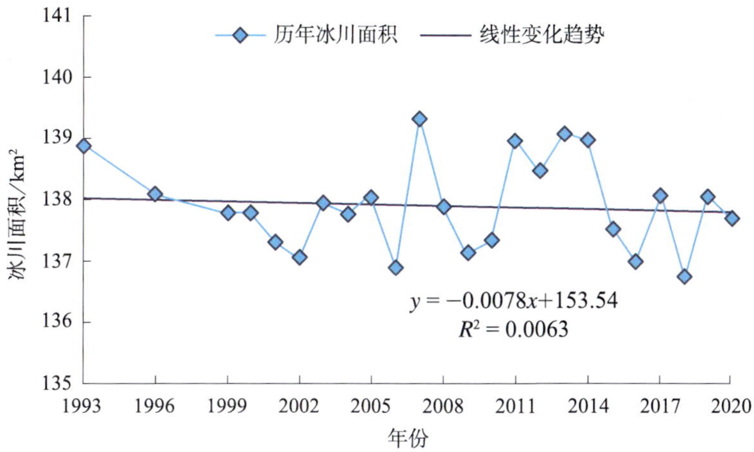

图 4-2　1993—2020 年古里雅冰川面积变化趋势

从 1993—2020 年空间变化来看（图 4-3），古里雅冰川变化较明显的区域主要位于东部，其他区域变化不明显，近 28 a 古里雅冰川面积整体较稳定。

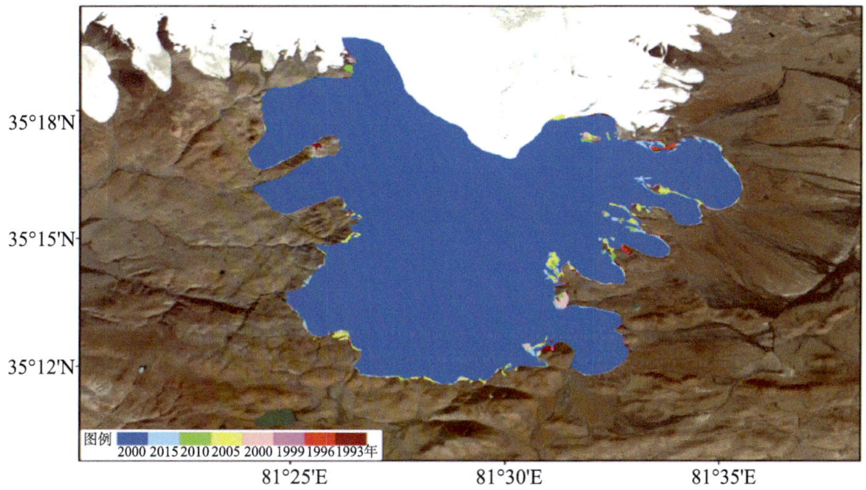

图 4-3　1993—2020 年古里雅冰川空间变化

4.2 湖泊

4.2.1 玛旁雍错

玛旁雍错（30°34′—30°47′N，81°22′—81°27′E）又名玛法木错，西藏三大圣湖之一，地处西藏阿里地区普兰县境内。北侧是冈底斯山脉，其中冈仁波齐峰海拔 6656 m，常年冰雪覆盖；南侧是喜马拉雅山脉，其中纳木那尼峰海拔 7728 m；西与拉昂错相邻。湖泊形状近似椭圆，湖面海拔 4588 m，是世界上高海拔地区淡水资源量最丰富的湖泊之一。

利用多源卫星遥感监测分析显示（图 4-4），2000—2020 年玛旁雍错湖泊水面面积总体呈略微扩张的趋势，平均每年增加仅 0.05 km^2。其中，2004 年较 2000 年萎缩 5.42 km^2，萎缩率为 1.30%；2004 年以后湖泊水面面积呈波动式增加。

2020 年玛旁雍错湖泊水面面积为 414.97 km^2，较 2000 年（415.78 km^2）萎缩 0.81 km^2，萎缩率 0.20%；较 2019 年（414.62 km^2）扩张 0.35 km^2，扩张率 0.08%。

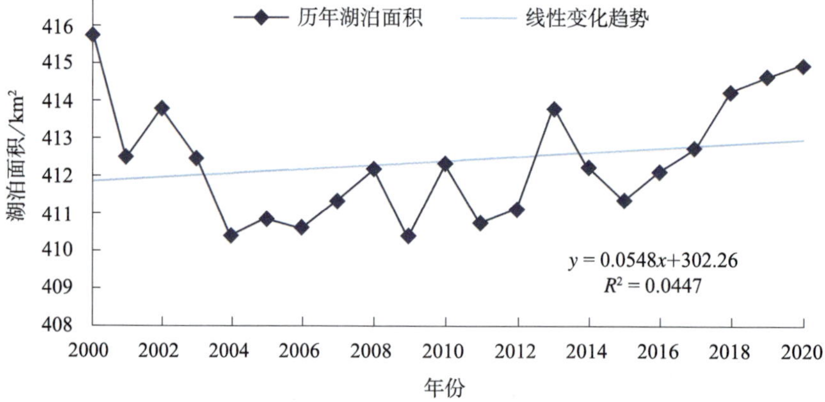

图 4-4 2000—2020 年玛旁雍错湖泊水面面积变化趋势

从 2000—2020 年玛旁雍错湖泊水面面积空间变化来看（图 4-5），东部湖岸线略有扩张，但不明显。2005 年较 2000 年，湖的东北部和东部略有萎缩。

图 4-5　2000—2020 年玛旁雍错湖泊水面面积空间变化

4.2.2　拉昂错

拉昂错（30°40′—30°51′N，81°06′—81°19′E）又名蓝嘎错，位于普兰县境内。第四纪时期，与东部的玛旁雍错同属一个大湖体，后因气候逐渐干旱，古湖泊萎缩，分离肢解成现状。滨湖东、西、南部环山，北部为湖泊、河积平原，地势开阔；沿湖有古湖岸砂堤分布，高出湖泊水面 25 m。近似汤勺形，湖面海拔 4572 m，长 29 km，最大宽 17 km，平均宽 9.26 km。

根据多源卫星遥感监测分析显示（图 4-6），2000—2020 年拉昂错湖泊水面面积总体呈萎缩趋势，平均每年减少 0.53 km^2。2000—2010 年湖泊水面面积平均每年减少 0.88 km^2；2010—2020 年湖泊水面面积平均每年减少 0.20 km^2。

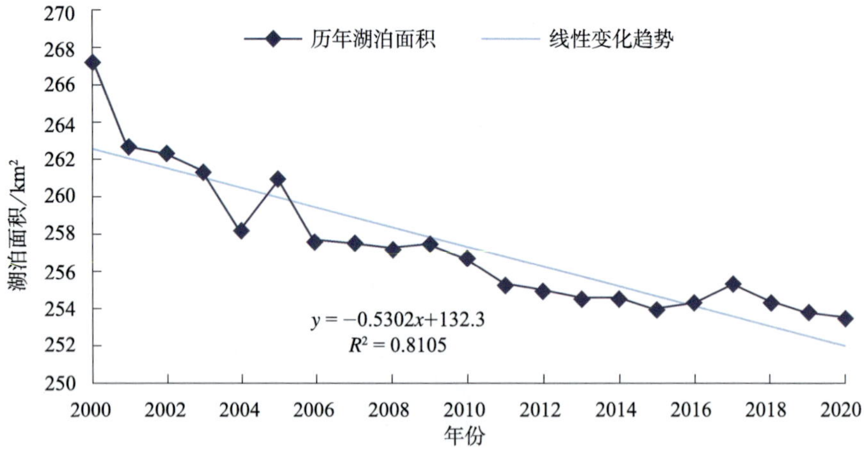

图 4-6　2000—2020 年拉昂错湖泊水面面积变化趋势

2020 年拉昂错湖泊水面面积为 253.44 km^2，较 2000 年（267.11 km^2）萎缩 13.67 km^2，萎缩率 5.12%；较 2019 年（253.72 km^2）萎缩 0.28 km^2，萎缩率 0.11%。

从 2000—2020 年拉昂错湖泊水面面积空间变化来看（图 4-7），湖泊水面面积变化较明显的区域主要位于湖的北部。

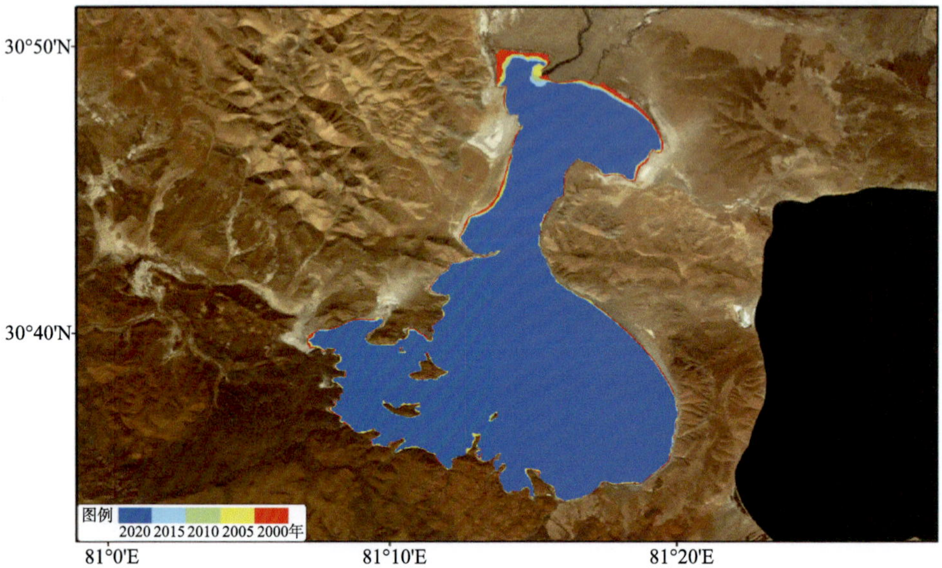

图 4-7　2000—2020 年拉昂错湖泊水面面积空间变化

4.2.3　扎日南木错

扎日南木错（30°44′—31°05′N，85°20′—85°54′E）位于西藏阿里地区措勤县东北部。该湖为阿里地区面积最大、海拔最高的湖（湖面海拔 4613 m），也是西藏第三大湖泊。

根据多源卫星遥感监测分析显示（图 4-8），2000—2020 年扎日南木错湖泊水面面积总体呈扩张趋势，平均每年增加 3.03 km^2。2000—2008 年湖泊水面面积平均每年增加 4.68 km^2；2008—2016 年湖泊水面面积平均每年减少 1.45 km^2；2016—2020 年湖泊水面面积平均每年增加 12.85 km^2。

2020 年扎日南木错湖泊水面面积为 1045.36 km^2，较 2000 年（967.05 km^2）扩张 78.31 km^2，扩张率为 8.10%；较 2019 年（1044.03 km^2）扩张 1.33 km^2，扩张率为 0.13%。

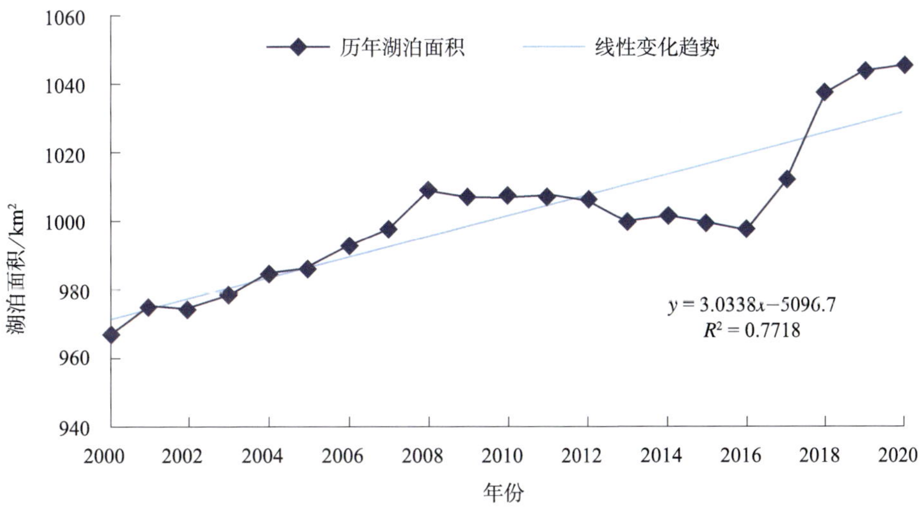

图 4-8　2000—2020 年扎日南木错湖泊水面面积变化趋势

从 2000—2020 年扎日南木错湖泊水面面积空间变化来看（图 4-9），湖泊西部和西北部湖岸线分别向西、西北扩张最为明显，尤其是西北部措勤藏布河口附近。随着湖岸线的扩张，湖泊周边有两个小湖与扎日南木错主体湖泊相连，并且形成类似湖心岛的小型陆地。

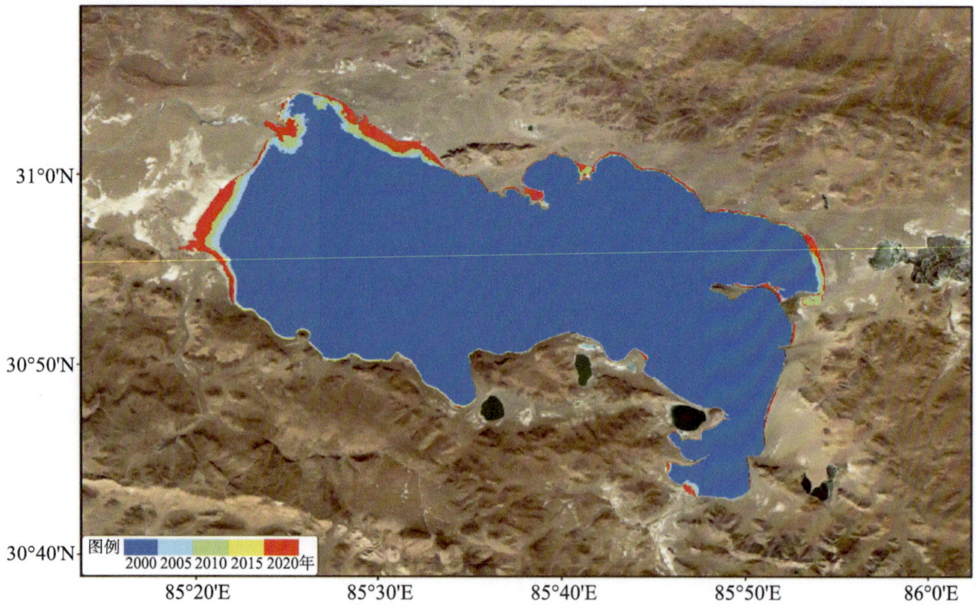

图 4-9　2000—2020 年扎日南木错湖泊水面面积空间变化

4.2.4　班公错

班公错（33°26′—33°45′N，78°41′—79°55′E）又名错木昂拉仁波，也被寓意为“长脖子天鹅”。班公错大约有 4/5 的长度和面积位于我国西藏阿里地区日土县，剩下的 1/5 则是在克什米尔地区境内。班公错湖面海拔 4240 m，从东到西绵延 155 km，是我国东西跨度最大的湖泊。

根据多源卫星遥感监测显示（图 4-10），2000—2020 年西藏境内班公错湖泊水面面积总体呈扩张趋势，平均每年增加 1.07 km^2。其中，2017 年湖泊水面面积扩张至最大，为 466.95 km^2，2000—2017 年湖泊水面面积扩张 23.54 km^2，扩张率为 5.31%。

2020 年西藏境内班公错湖泊水面面积为 466.17 km^2，较 2000 年（443.41 km^2）扩张 22.76 km^2，扩张率为 5.13%；较 2019 年（465.48 km^2）扩张 0.69 km^2，扩张率为 0.15%。

从 2000—2020 年班公错湖泊水面面积空间变化来看（图 4-11），东部湖岸线变化较明显，分别向北和西南方向扩张。其中，2000—2010 年湖泊水面面积扩张较 2010—2020 年更加明显。

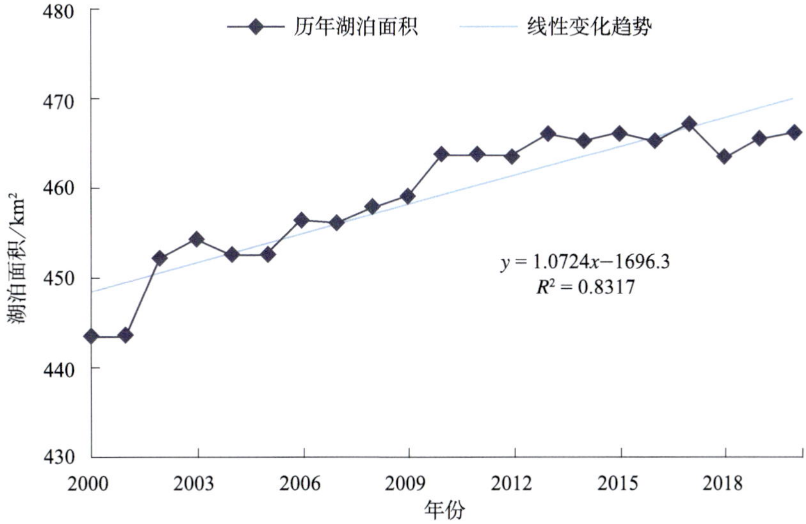

图 4-10　2000—2020 年西藏境内班公错湖泊水面面积变化趋势

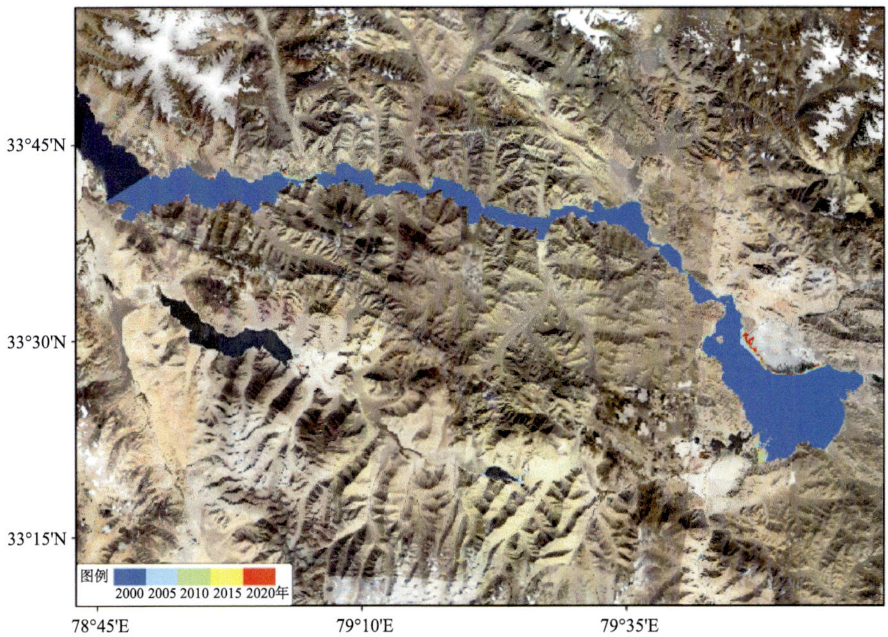

图 4-11　2000—2020 年我国西藏境内班公错湖泊水面面积空间变化

第 5 章　气象服务关注重点

5.1　为农牧民气象服务关注的重点

（1）春季（3—5 月）

关注重点	主要影响	影响范围
雪灾、道路结冰、吹雪	道路交通安全、畜牧业和设施农业，春运	阿里地区
强降温、霜冻	畜牧业和设施农业	阿里地区
森林、草原火灾	草原安全	阿里地区
大风天气	设施农业、电力设施、通信设施、户外悬挂物、建筑物、旅游和交通安全	阿里地区
沙尘天气	春耕春播、环境污染、旅游、交通安全	阿里地区
春旱	农作物和经济作物正常发育、生长	阿里地区
晚霜冻（倒春寒）	春播农作物、经济作物正常发育和开花	阿里地区
较大范围的降水（尤其是第一场透雨）	土壤增墒，春耕春播和青稞产量的影响	阿里地区

续表

关注重点	主要影响	影响范围
局地强对流天气	交通安全、电力（电器）安全、建筑物安全、城乡安全、人畜安全，易造成农作物、道路交通设施、水利设施、电力设施、通信设施受损	阿里地区
病虫害气象服务	农业、林业	阿里地区主要农区和草场
强降温、低温、大风	接羔幼育、牧区生产生活	阿里地区主要牧区

（2）夏季（6—8 月）

关注重点	主要影响	影响范围
大范围降水	有利于土壤增墒和春播作物生长	阿里地区
干旱	春播作物和经济作物生长受阻	阿里地区主要农区
强降水、暴雨	易发洪涝、地质灾害，影响河、湖、水库安全及城乡居民安全	阿里地区
局地强对流（短时强降水、雷电、冰雹）	交通安全、电力（电器）安全、建筑物安全、人畜安全、城乡安全，易造成农作物、道路交通设施、水利设施、电力设施、通信设施受损	阿里地区
晴热少雨	加剧旱情，冰雪融化、冰湖溃决等影响人民生产生活，影响供电、供水	阿里地区
病虫害气象服务	农业、林业	阿里地区

（3）秋季（9—10 月）

关注重点	主要影响	影响范围
秋季持续性降雨	秋收秋种	阿里地区西部四县
沙尘天气	秋收秋种、设施农业、污染环境、旅游、交通安全	阿里地区
大风天气	设施农业、电力设施、通信设施、户外悬挂物、建筑物、旅游和交通安全	阿里地区

续表

关注重点	主要影响	影响范围
森林、草原火灾	森林、草原安全	阿里地区
持续低温	城市供暖设施、供电设施、供水设施	阿里地区

（4）冬季（11 月至次年 2 月）

关注重点	主要影响	影响范围
雪灾	交通安全交通、畜牧业和设施农业，春运	阿里地区
大风天气	设施农业、畜牧业、电力设施、通信设施、户外悬挂物、建筑物、旅游和交通	阿里地区
强冷空气入侵	人体健康、城市供水设施、牧区	阿里地区
暖冬	病虫害	阿里地区主要农区
森林、草原火灾	森林、草原安全	阿里地区
持续性低温（低温冰冻）	城市供暖设施、供电设施、供水设施、牧业生产、牧民生活	阿里地区（重点：东部三县及日土北部）

5.2 重大活动气象保障服务

时间	重大活动	关注重点	产品形式	制作单位
1 月至 2 月	春运	低温、强降雪、道路结冰对交通运输、物资供应及公众出行、旅游产生影响	春运气象服务专报	阿里地区气象台、各县气象局
	元旦、春节、藏历新年节日	灾害性、高影响天气对公众出行、旅游、交通及物资供应等不利影响	专题预报或临时材料	阿里地区气象台、各县气象局

续表

时间	重大活动	关注重点	产品形式	制作单位
6 月	塔尔钦佛事活动	塔尔钦佛事活动气象保障	专题材料科普宣传活动	阿里地区气象台、普兰县气象局
	高考	高考期间天气预报	专题服务材料	阿里地区气象台
7 月至 8 月	象雄旅游文化节	气象保障服务	专项服务材料	阿里地区气象台、人影中心
	噶尔县红柳花节	气象保障服务	专项服务材料	阿里地区气象台
	革吉县赛马节	气象保障服务	专题服务材料	阿里地区气象台
4 月至 9 月	全区防汛抗旱工作会议	汛期气候趋势预测及影响分析	专项服务材料或临时材料	阿里地区气候中心、阿里地区气象台

5.3　全年各时段固定上报的决策服务产品重点内容

时间	材料内容	产品形式
2 月	上一年度的天气气候影响评价	气候评价、公报
3 月至 4 月	全地区冬春季天气气候特点和汛期气候趋势预测	重要气象报告
4 月下旬至 6 月	主要农区气象干旱监测及人影指导产品预报，霜冻监测及预报。主产区农业气象条件分析；天气气候总结分析	决策气象服务文件
7 月上旬	全地区汛期旱涝趋势预测补充会商意见，全地区粮食产量趋势预测	视情况而定
8 月下旬	入汛以来全地区天气气候特征及对本地区农牧业生产的影响、建议	重要气象报告
	粮食产量预测，高寒农区霜冻预报	重要气象报告
9 月下旬	全地区汛期天气气候特点和今冬明春短期气候预测	重要气象报告

续表

时间	材料内容	产品形式
11 月至次年 3 月	牧区雪灾监测、国道道路沿线积雪监测	视情况而定

5.4 全年重点关注的天气系统

时间	主要系统	天气现象
11 月至次年 3 月	南支槽、北支槽、西风槽、热带风暴、短波槽	暴雪、大风、强降温、道路结冰、持续低温
4 月至 5 月	短波槽、西风槽、热带风暴、低涡切变线	大风、雨夹雪
6 月下旬至 8 月	切变线、风辐合、高原低涡、热对流、短波槽	暴雨、短时强降水、雷电、冰雹、大风
9 月至 10 月	短波槽、西风槽、切变线	大风、强降温、雨夹雪

参考资料

白虎志，马振锋，董文杰，2005．青藏高原地区季风特征及与我国气候异常的联系 [J]．应用气象学报，16（4）：484-491.

鲍玉章，1981．从卫星云图分析中试论青藏高原的水汽路径 [J]．西藏科技，2：20-22.

边多，杨志刚，李林，等，2006．近 30 年来西藏那曲地区湖泊变化对气候波动的响应 [J]．地理学报，61（5）：510-518.

边多，李春，杨秀海，等，2008．藏西北高寒牧区草地退化现状与机理分析 [J]．自然资源学报，23（2）：254-262.

边多，杜军，胡军，等，2009．1975—2006 年西藏羊卓雍错流域内湖泊水位变化对气候变化的响应 [J]．冰川冻土，31（3）：404-409.

边多，边巴次仁，拉巴，等，2010．1975—2008 年西藏色林错湖面变化对气候变化的响应 [J]．地理学报，65（3）：313-319.

才旺计美，扎西多吉，2008．西藏森林病虫害防治现状与对策 [J]．西藏农业科技，30（3）：42-44.

蔡国田，张雷，2006．西藏能源利用现状及发展探讨 [J]．研究与探讨，28（1）：38-42.

蔡英，钱正安，吴统文，等，2004．青藏高原及周围地区大气可降水量的分布、变化与各地多变的降水气候 [J]．高原气象，23（1）：1-10.

陈锋，康世昌，张拥军，等，2009．纳木错流域冰川和湖泊变化对气候变化的响应 [J]．山地学报，7（6）：6641-6646.

陈丽娟，吕世华，罗四维，1996．青藏高原春季积雪异常对亚洲季风降水影响的数值试验 [J]．高原气象，15（1）：122-130.

陈烈庭，2001．青藏高原异常雪盖和 ENSO 在 1998 年长江流域洪涝中的作用 [J]．大气科学，25（2）：184-192.

除多，德吉央宗，普布次仁，等，2007．西藏藏北高原典型植被生长对气候要素变化的响应 [J]．应用气象学报，65（4）：612-620.

除多，拉巴卓玛，拉巴，等，2011．珠峰地区积雪变化与气候变化的关系 [J]．高原气象，30（3）：576-582.

德吉，晋美旺姆，次仁吉巴，2022．1981—2019 年西藏阿里地区普兰站暴雪天气气候特征分析 [J]．农业灾害研究，12（11）：96-98.

丁一汇，张莉，2008．青藏高原与中国其他地区气候突变时间的比较 [J]．大气科学，32（4）：794-805.

丁增，杨腾域，黄鹏，2021．西藏昌都市降水气候及预测分析研究 [J]．西藏科技（9）：52-54.

杜军，2005．西藏高原霜冻气候特征及预报方法研究 [M]．北京：气象出版社 .

杜军，2006．藏北牧草青草期的气候变化特征分析 [J]．应用气象学报，17（1）：29-35.

杜军，马玉才，2004．西藏高原降水变化趋势的气候分析 [J]．地理学报，59（3）：375-382.

杜军，胡军，索朗欧珠，2005．西藏高原农业界限温度变化的气候特征分析 [J]．地理学报，60（2）：289-298.

杜军，边多，胡军，等，2007．西藏近 35 年日照时数的变化特征及其影响因素 [J]．地理学报，62（5）：492-500.

杜军，胡军，张勇，2007．西藏农业气候资源区划 [M]．北京：气象出版社 .

杜军，胡军，唐述君，等，2008a．西藏羊卓雍错流域气候干湿状况分析 [J]．生态学杂志，27（8）：1379-1385.

杜军，胡军，唐述君，等，2008b．西藏羊卓雍湖流域近 45 年气温和降水的变化趋势 [J]．地理学报，63（11）：1160-1168.

段丽萍，2003．西藏自治区旅游资源概况 [J]．四川地质学报，23（3）：182-187.

段丽萍，2005．西藏自治区旅游资源区划的初步设想 [J]．云南地理环境研究，4（17）：33-40.

范广洲，罗四维，吕世华，1997．青藏高原冬季积雪异常对东南亚夏季风影响的初步数值模拟研究 [J]．高原气象，16（2）：140-151.

范广洲，华维，黄先伦，等，2008．青藏高原植被变化对区域气候影响研究进展 [J]．高原山地气象研究，28（1）：72-80.

冯松，汤懋苍，王冬梅，1998．青藏高原是我国气候变化启动区的新证据 [J]．科学通报，43（6）：633-636.

冯松，姚檀栋，江灏，等，2001．青藏高原近 600 年的温度变化 [J]．高原气象（1）：105-108.

高登义，邹捍，王维，1985．雅鲁藏布江水汽通道对降水的影响 [J]．山地研究（4）：239-249.

高素华，潘亚茹，郭建平，1994．气候变化对植物气候生产力的影响 [J]．气象，20（1）：30-33.

龚道溢，王绍武，2002．全球气候变暖研究中的不确定性 [J]．地学前缘（2）：371-376.

巩同梁，刘昌明，刘景时，2006．拉萨河冬季径流对气候变暖和冻土退化的响应 [J]．地理学报，61（5）：519-526.

郭其蕴，王继琴，1986．青藏高原的积雪及其对东亚季风的影响 [J]．高原气象，5（2）：608-611.

郭旭东，1974．中国西藏南部珠穆朗玛峰地区第四纪气候的变迁 [J]．地质科学（1）：59-80.

韩熠哲，马伟强，王炳赟，等，2017．青藏高原近 30 年降水变化特征分析 [J]．高原气象，36（6）：1477-1486.

贺晓慧，司建华，赵春彦，等，2021．西藏沙棘（*Hippophae thibetana*）潜在地理分布及其对未来气候变化的响应模拟 [J]．中国沙漠，41（3）：101-109.

洪冰，林庆华，洪业汤，等，2004．全新世青藏高原东部西南季风的演变 [J]．地球与环境，32（1）：42-49.

侯希文，高旭斌，2009．西藏太阳辐射与档案保护初探 [J]．兰台世界（11）：32-33.

胡军，央宗，罗布拉姆，2010．西藏“一江两河”流域农作物发育期及土壤湿度对气候变化的响应 [C]．拉萨：西藏自治区气象局高工论文集 .

华维，范广洲，周定文，等，2008．青藏高原植被变化与地表热源及中国降水关系的初步分析 [J]．中国科学（D 辑），38（6）：732-740.

黄艳，袁鹏，颜志衡，2010．雅鲁藏布江流域天然径流特征及规律分析 [J]．红水河，29（1）：65-69.

黄寅亮，1996．西藏地区天文气候条件初探 [J]．云南天文台台刊（S1）：12-19.

假拉，普布卓玛，1995．西藏高原雪灾气候规律 [J]．西藏科技，2：22-24.

假拉，杜军，边巴扎西，等，2008．西藏气象灾害区划研究 [M]．北京：气象出版社 .

姜家湖，黄群，2004．青藏高原湖泊分布特征及与全国湖泊比较 [J]．水资源保护，6：24-27.

康世昌，2005．青藏高原的冰川与全球气候变化 [J]．大自然，3：10-11.

康兴成，1996．青藏高原地区近 40 年来气候变化的特征 [J]．冰川冻土，18（增刊）：281-287.

柯长青，李培基，王采平，1997．青藏高原积雪变化趋势及其与气温和降水的关系 [J]．冰川冻土，19（4）：289-294.

拉巴卓玛，普布贵吉，2007．青藏铁路沿线近 40 年气候变化和气象灾害特征 [J]．西藏科技，6：66-68.

拉伍，2017．气候变暖对西藏水环境的影响研究 [J]．乡村科技（14）：83-84.

李潮流，康世昌，2006．青藏高原不同时段气候变化的研究综述 [J]．地理学报，61（3）：327-335.

李栋梁，季国良，吕兰芝，2001．青藏高原地面加热场强度对北半球大气环流和中国天气气候异常的影响研究 [J]．中国科学（D 辑）（Z11）：312-319.

李国平，2007．青藏高原动力气象学 [M]．北京：气象出版社 .

李红梅，马玉寿，王彦龙，2010．气候变暖对青海高原地区植物物候期的影响 [J]．应用气象学报，21（4）：500-505.

李继由，1983．试论西藏高原麦类作物高产的农业气候原因 [J]．自然资源（2）：80-85.

李静，刘加平，何泉，等，2009．高原气候条件下的西藏传统民居生态经验和盲点 [J]．四川建筑科学研究，35（3）：240-242，271.

李培基，1996．青藏高原积雪对全球变暖的响应 [J]．地理学报，51（3）：260-265.

李培基，1998．青藏高原雪灾时空分布特征 [C]// 牧区雪灾的分析研究．北京：气象出版社 .

李生辰，徐亮，郭英香，等，2007．近 34a 青藏高原年降水变化及其分区 [J]．中国沙漠（2）：307-314.

李亚琴，2011. 青藏高原年降水的变化特征研究 [J]. 高原山地气象研究，31（3）：39-42.

李永华，徐海明，高阳华，等，2010. 西南地区东部夏季旱涝的水汽输送特征 [J]. 气象学报，68（6）：932-943.

李元芳，张青松，李炳元，1994. 青藏高原西北部17000年以来的介形类及环境演变 [J]. 地理学报，49（1）：46-54.

梁宏，刘晶淼，李世奎，2006. 青藏高原及周边地区大气水汽资源分布和季节变化特征分析 [J]. 自然资源学报，21（4）：526-534.

林日暖，李春，张勇，等，2001. 西藏拉萨市农业气候资源 [M]. 北京：气象出版社 .

林祥，1975. 藏南地区的气候变化迹象 [J]. 气象，9：10-11.

林振耀，吴祥定，1981. 青藏高原气候区划 [J]. 地理学报，36（1）：22-31.

林志强，唐叔乙，何晓红，等，2011. 西藏高原汛期水汽输送特征与降水异常 [J]. 气象，37（8）：984-990.

刘昌明，刘小莽，郑红星，2008. 气候变化对水文水资源影响问题的探讨 [J]. 科学对社会的影响，2：21-27.

刘光秀，施雅风，沈永平，等，1997. 青藏高原全新世大暖期环境特征之初步研究 [J]. 冰川冻土，19（2）：114-123.

刘俊卿，强德厚，王敏，2007. 西藏近 30 年气候变暖的影响因子的探索性分析 [J]. 西藏科技（7）：64-67.

刘时银，上官冬辉，丁永建，等，2005. 20 世纪初以来青藏高原东南部岗日嘎布山的冰川变化 [J]. 冰川冻土，27（1）：55-63.

刘晓尘，效存德，2011. 1974—2010 年雅鲁藏布江源头杰玛央宗冰川及冰湖变化初步研究 [J]. 冰川冻土，33（3）：488-496.

刘晓东，罗四维，钱永甫，1989. 青藏高原地表热状况对夏季东亚大气环流影响的数值模拟 [J]. 高原气象，8（3）：189-194.

刘雪松，马玉才，拉巴，等，2003. 那曲地区牧业气候区划 [M]. 北京：气象出版社 .

刘雅勤，范广洲，周定文，等，2007. 青藏高原冬春植被归一化指数变化特征及其与高原夏季降水的联系 [J]. 气象学报，65（6）：659-667.

刘义军，李林，1999. 西藏高原降水、气温气候特征分析 [J]. 成都气象学院学报（01）：100-104.

刘珍海，1987. 西藏羊卓雍湖的平衡水位和水资源探讨 [J]. 人民长江，5：41-45.

刘志飞，王成善，1998. 青藏高原隆升对新生代全球气候变化的影响 [J]. 大自然探索，7（3）：30-33.

刘忠方，田立德，姚檀栋，等，2007. 水汽输送对雅鲁藏布江流域降水中稳定同位素的影响 [J]. 地球科学进展，22（8）：842-850.

刘宗香，苏珍，姚檀栋，等，2000. 青藏高原冰川资源及其分布特征 [J]. 资源科学，22（5）：49-52.